MARK
麦客文化

不是生活无趣，是你过得乏味

聂向荣 - 著

化学工业出版社
·北 京·

图书在版编目（CIP）数据

不是生活无趣，是你过得乏味 / 聂向荣著 . —北京：化学工业出版社，2019.1

ISBN 978-7-122-33190-8

Ⅰ . ①不… Ⅱ . ①聂… Ⅲ . ①成功心理 - 通俗读物 Ⅳ . ① B848.4-49

中国版本图书馆 CIP 数据核字（2018）第 240035 号

责任编辑：龙　婧　龚风光　　　　装帧设计：今亮后声 HOPESOUND pankouyugu@163.com

责任校对：王　静

出版发行：化学工业出版社（北京市东城区青年湖南街13号 邮政编码 100011）

印　　装：三河市航远印刷有限公司

880mm × 1230mm　1/32　印张$7^{1}/_{4}$　字数100千字　2019年3月北京第1版第1次印刷

购书咨询：010-64518888　售后服务：010-64518899

网　　址：http://www.cip.com.cn

凡购买本书，如有缺损质量问题，本社销售中心负责调换。

定　价：39.80元

目 录 | CONTENTS

第一章　不逼自己一把，都不知道自己有多优秀

01 没有稳定的工作，只有稳定的能力 / 002

02 不逼自己一把，永远也不可能让自己变优秀 / 007

03 所谓的天才，只是看起来不努力而已 / 011

04 不要让你的工资，低配了你的能力 / 017

05 你根本没有看见别人的拼尽全力 / 021

06 成长的路上，谁没混过日子 / 026

第二章　时刻告诉自己，要向上生长

01 下班后的时间，决定了你的精神颜值 / 034

02 和你说话不用费脑子 / 039

03 有了被遗弃感，说明你正在改变 / 043

04 所谓发脾气，本质是内在实力的一场较量 / 048

05 你之所以焦虑，是因为你急于过"标配"的人生 / 053

06 谁不是一边觉得活着没意思，一边又元气满满地活着 / 057

第三章 保持初心，才能让自己更强大

01 低谷并没有那么可怕 / *064*

02 别忘了，你曾经也优秀过 / *068*

03 不要让你的野心，配不上你的才华 / *073*

04 你敢不敢以自己喜欢的方式过一生 / *077*

05 三流学校的学生，也能过一流的人生 / *084*

06 你说的是快感，我要的是幸福感 / *091*

07 没有天赋，你也照样可以拥有才华 / *097*

第四章 自省，认清自己更认清世界

01 别太把情商当回事 / *104*

02 假性亲密关系是关系的最优解 / *110*

03 不去理会那些没用的冷嘲热讽 / *115*

04 掂清自己在别人心中的分量 / *119*

05 报喜不报忧也是对父母孝顺的一种方式 / *123*

06 “做事”之前，要先“懂事” / *127*

第五章 爱情不止需要等待，更需要去追

01 自愈力，是我们抵御伤害的盔甲 / 134

02 爱情里，不依赖、不攀附 / 139

03 她不过来，你就过去 / 143

04 相互仰望，便是婚姻最好的视角 / 148

05 好的婚姻，需要工匠精神 / 153

第六章 其实，梦想才是最好的信仰

01 梦想，就是去过自己想过的生活 / 160

02 只要是梦想，再多也负担得起 / 168

03 只要面朝诗和远方，走哪条路都能春暖花开 / 175

04 愿你有勇气和迷茫握手言和 / 180

05 莫欺少年穷，十年后再见分晓 / 185

06 只需一招，你就能有大把时间做自己喜欢做的事情 / 188

第七章 所有的惊艳，都来自有所准备

01 你一直拖延的其实都是你最想做的事 / *196*

02 所有的惊艳，都来自有所准备 / *202*

03 努力做个有机会失败的人 / *206*

04 除了努力，我们还有别的办法吗 / *211*

05 走自己的路，何必在意路人甲 / *216*

第一章

不逼自己一把，都不知道自己有多优秀

01

没有稳定的工作，只有稳定的能力

按照一些学者的建议，家庭主妇也应该被称为一种职业。因为家庭妇女在家庭生活中扮演多种角色，故理应得到薪资。

如果要评价工作的稳定性，那么家庭主妇这个职业应该是最稳定的了吧？其实不然，家庭主妇这个职业也可能会面临“下岗”。

听一个网友说，她表姐前几年生活得很好，因为她表姐夫做生意收入不错，所以就让她表姐在家全职带孩子。

她表姐本身没有什么事业心，也就很乐意地接受了全职太太这个职业。

可是就在孩子 5 岁的时候，她丈夫生意失败，欠了很多债。为了还债，她只能出来找工作。可是毕竟她在家里已经待了七八年，又没有任何工作经验，想去超市当收银员都没有人要，最后只能去一家公司干起了保洁。

这样的事情其实有很多……我每天早晨都坐地铁上班，地铁口有很多卖早点的小摊。早餐样式很多，有煎饼果子、菜夹馍、包子、手抓饼……有时候没时间做早点，就会买点吃。上班时间，在地铁口买早餐的人很多，我发现一个卖煎饼果子的摊前没有人，就过去买了一个，很快就做好了。我掏出手机，准备用微信付款，卖煎饼果子的大妈尴尬地笑着说："我不识字，不会用微信，你还是给我现金吧。"

我身上没有零钱，没办法我掏出了100元，大妈翻遍了口袋，足足用了四五分钟才凑够了找还给我的零钱。

我这才明白这个大妈的摊前为什么没有顾客了，因为她这里不能扫码付款，太不方便了。所以，下次我也不会在她这里买早点了。

社会变化太快，这位卖煎饼果子的大妈，不久可能也会失业。

这个社会根本就不存在稳定的工作，任何一个工作都有失业的风险。

有人会说，公务员、医生和老师都是很稳定的工作。

但是在我看来，这些工作其实也都不稳定，至少老师这个职业就不稳定。

这里谈谈切身体会。我在一所大学里当老师，按照大家的想法，老师应该是最稳定、最保险的工作。其实不然，我最近都有点焦虑了，因为我手里这份工作并不是“铁饭碗”，我可能也会失业。

刚来大学工作时，我和学校签了3年的科研任务合同，即3年内必须完成一系列的科研任务才行，否则3年后就要面临失业或者转岗。

不仅青年教师的工作不稳定，老教授也一样。因为老教授也有很多考核要求，比如教学、科研和项目都要达标，如果达不到要求，就可能会被降职。

现在，国内外的博士多如牛毛，学校根本就不担心招不到老师，不努力的话，我也会丢掉饭碗。

学生在毕业找工作时，问我最多的问题就是“进国企，还是进私企”？

我的建议是，如今早已不是20年前那个“铁饭碗”的时代了，根本就不存在稳定的工作。

所谓稳定的工作，如果仅仅是稳定地穷着，那么这样的稳定毫无意义。

我的一个高中同学硕士毕业后去了腾讯工作，年薪16万元；干了两年后跳槽去了百度，年薪27万元；干了3年后跳槽去了华为，年薪 46 万元。

他说："未来可能还会跳槽。"

我问他："为什么跳槽这么频繁，不稳定下来？"

同学说："我觉得很稳定啊，至少我的工资在稳定递增啊！我的生活品质也在稳定提高啊！"

同学是个很有能力的人，根本不用担心找不到好工作，无论在哪个企业他都能带领团队迅速攻克某个项目。所以他不怕辞职，也不怕公司倒闭，因为他有随时离开的能力。

而缺乏能力的人，哪怕在事业单位或国企工作也是不稳定的。因为他们没有核心竞争力，最终只能被边缘化。

很多人找工作注重"铁饭碗"，其实是缺乏自信的表现，他们认为自己不具备应对风险和变化的能力。

他们觉得找个稳定的工作，就像找到了一个保险柜，无论工作干得好坏，起码不会被辞退，而且每个月能拿到稳定的工资。

然而，在相对稳定的环境中待久了，就会渐渐失去应对突发情况的能力。而在私企工作的人，他们无时无刻都有风险意识，也丝毫不敢懈怠。

很多人对于稳定的理解，大多是从工作本身出发的，其实这个理解是不正确的，至少是偏颇的。工作稳不稳定，关键在于人，如果一个人整日无所事事，哪怕是进入国企也迟早会卷铺盖走人，或者被企业核心团队抛弃，只能干点打杂的活，稳定地穷着。

“稳定”不应该成为找工作的首要考虑标准，而能够让自己一直保持成长的企业才应该作为首选。

如果一家企业不能培养你的核心竞争力，那么这样的企业根本就不值得去，哪怕这个单位看起来十分保险和稳定。因为没有核心竞争力的人，在任何单位都可能随时被替换掉，而且不需要太大成本。

所以我们要努力培养自己的核心竞争力，这才是找到稳定工作最大的倚仗。如果你随随便便就能够被别人代替，只能说明你不具备核心竞争力。

可以说，没有稳定的工作，只有稳定的能力。所谓稳定的能力，就是无论何时，都能够把工作干得不错。

02

不逼自己一把，永远也不可能让自己变优秀

你是不是为了能每天早晨六点起床跑步，给自己定了五六个闹铃，你真的以为只要用如此强大和连续的逼迫性刺激就能让自己起床跑步吗？

你是不是为了通过英语六级给自己定了每天背诵 50 个单词的任务，并且写下了“背不完单词，就不玩手机”的豪言壮语，执行的时候，你真的能做到把整本单词书都背完且没有偷偷玩手机，然后一次性过了英语六级吗？

是不是很多时候，你并没有把自己逼优秀，反而把自己逼绝望了，发现自己其实并没有那么大的能耐，而且缺乏毅力，缺乏吃苦精神，简直弱爆了。现实根本就不是那句特别有名和励志的话写的那样：如果你不逼自己一把，根本就不知道自己有多优秀。然而，我写的这篇文章并不是为了批判这句话，我

反而十分认可这句话。

这句话给了人们一种心理暗示，即自己现在之所以不优秀，是因为没有逼自己一把；同时也是一种心理慰藉，即让人产生一种一旦我逼自己了，就能摆脱眼前的困境和平庸，就能立马优秀起来。

曾经看到过一个作者写的一个故事，说她小时候有一种心理，就是盼着自己家里能出点什么事情，最好是出现家道中落，自己食不果腹，生活得十分悲惨的情况。她认为只有将自己置于这种悲惨的境地，才会有强大的动力好好学习，从而考上清华北大。她以为，只有把自己逼入绝境，自己才能爆发潜能变得优秀。

这个作者说，自己小时候之所以那么想，是因为看了太多贫穷的孩子励志成才的故事。长大了才知道贫困并不意味着优秀，那些年幼时生活贫困的人之所以长大后能变得优秀，是因为他们对待贫困的态度与别人不同。

逼自己一把，逼出来的不是优秀，而是在逼自己的过程中发现了自己的无能和弱小。之所以有一部分人变得优秀了，是因为这部分人面对自己的无能和弱小时产生了羞耻感，然后知耻而后勇。而没有变优秀的那部分人，是因为他们发现自己的弱小和无能之后并没有产生很强烈的羞耻感，也没有将这种逼迫转化为追求优秀的狂热，结果逼自己越多，发现自己越无能，最终选择了自暴自弃。

举个例子，家长在批评学习成绩差的孩子时，孩子会不服气、会怨恨。家长认为孩子成绩差，是因为孩子平时没有努力学习。如果孩子本身没有努力过，肯定不会产生强烈的叛逆思想，而之所以产生了这么强烈的叛逆思想，是因为他们默默地逼迫了自己很多次，最终发现还是无法取得好成绩，而在学习上越来越无能，最终只能放弃自己。

不是他们不逼自己学习，也不是他们没想过要努力，其实所有失败的人都曾狠狠地逼过自己。之所以最后没有成功或变得优秀，就是因为他们逼自己的次数太多了，只发现了自己的无能。

拿“如果你不逼自己一把，根本就不知道自己有多优秀”这句话来讲，一些人只是把这句话当作一种心理慰藉，而没有认识到其背后的真正意义。当一部分人逼自己努力之后，发现自己最终并没有成功，就会怀疑这句话、否定这句话，认为这句话是毫无意义的鸡汤。实际上，是他们没有理解这句话背后深层次的含义，也就是我所说的：不是鸡汤无用，而是喝鸡汤的人无用，吸收不了鸡汤的营养。

有时候，我们还会见到一些不努力的人，他们总是以一种超然物外的态度和嘲讽的语气对待努力的人，散播着各种负能量。其实他们并不是不想去努力，也不是不想变得更好，而是不敢去努力，是他们心中充满了恐惧。因为他们曾经努力过，曾经逼自己变得优秀过，可是他们发现，越努力，就越会发现自己的无能和平庸。为了不自我打击，也为了不被别人嘲笑，他们就放弃努力了。而放弃努力后，心理扭曲，对于努力的人就会给以各种讥讽。

在不逼自己之前，我们总是习惯高估自己的能耐，有些人对于自己的人脉、朋友、智商、毅力过分自信，当真正遇到紧急事情的时候，才发现自己所拥有的东西是那么虚无缥缈和不堪一击。

大多数时候，我们只有逼自己一把，才能认清现实，也才能认清自我。其实我们并没有想象中那么强大，强大到逼自己一下就能优秀起来。而能不能在认清现实和认清自我后变得坚强和优秀，关键在于我们面对自己的无能和平庸时的态度，是知耻后勇，还是自暴自弃。

03

所谓的天才，只是看起来不努力而已

所谓的天才，只是看起来不努力而已；

所谓的庸才，只是看起来很努力而已。

——题记

有些人，你学习的时候 ，他在玩；你玩的时候，他还在玩。可偏偏考试成绩出来的时候，你只得了 70 分，而他却得了 100 分。

这是为什么呢？

下班了，你留在办公室加班，有些人却早已奔出办公室约会去了；周末，你在家里加班，有些人却在健身或者参加各种聚会。

可偏偏汇报工作的时候，你只能勉强不挨老板训斥，而他却思路清晰，做得比你好得多，老板更是赞赏有加。

这是为什么呢?

难道这些平时看起来不努力，偏偏成绩好得要命的人，都是天才吗?

大多数人都会认为这些人是天才，因为这是唯一合理的解释。毕竟，总不能承认自己笨吧?

我身边也有一些这样的“天才”，他们几乎不用怎么付出就能随随便便取得我努力很久也难以达到的成绩，这常常让我羡慕不已。

终于有一天，我揭开了谜底，并且总结了 4 种看起来不努力就能取得成功的方法。

只要能掌握这 4 种方法，你也可以云淡风轻地取得成功，成为别人眼中的天才。

这四种方法，就在以下四个故事中。

不是不学习，只是表面上看似总在玩玩闹闹。

我上初三的时候，和全年级排名第三（全年级 1000 多人）、全班排名第一的女学霸成为同桌，从此过上了被学霸虐的日子，现在想起来还胆战心惊。

无论我怎么努力，成绩总是在班级第十名（全班 90 多人）左右晃悠；而同桌女学霸看起来并不刻苦，成绩却一直稳居班级第一。

她上课认真听讲，我也认真听讲，她下课不看书，而我却看书，可是成绩为什么差距就这么大呢？

有一次月考，学霸的成绩滑落到了全班第四名，她略有些不高兴。

可是下一次月考，她的成绩又成了全班第一。

我瞠目结舌地问她："你是怎么把成绩搞上去的？"

她神秘地笑道："因为我这一个月，下了晚自习后，回家还要学到凌晨一点多呢！"

"真的？"

"骗你干啥，看看我的练习册。"

说着，女学霸掏出了两本课外习题册，都是她自己买的，上面的习题全部做完了。

我这才相信，是她回家后刻苦了。原来，看起来不怎么努力的女学霸要比我努力数倍，而我却傻傻地以为学霸能考第一完全是因为聪明。

用在娱乐中学习掩饰努力，让刻苦无迹可寻。

我的一个师弟，托福考了 108 分（满分为 120 分）。成绩出来后，我甚是震惊，因为能通过托福考试就很厉害了，而他竟然考了 108 分。

我问他："做实验这么忙，你哪里来的时间学英语？"

师弟说："我做完实验后，在办公室看美剧呀，美剧是学英语很好的素材，听力、词汇、阅读，都能得到练习。"

我当时就懵了！我看美剧，是看剧情；人家看美剧，是练英语。这就是差距。

也就是说，人家在娱乐的过程中就学习了，而我的娱乐只是娱乐。

集中精神，提高效率。

毕业后刚上班的时候，办公室有一个同事，几乎从来不加班，可是他会把任何工作都干得很好。

向领导汇报时，他做的 PPT 十分漂亮，而且条理清楚。而我有时候还得加班，上班的时候明明很专心啊，为什么活就干不完呢?

后来我才发现，上班时有人发红包，我总是能抢到钱；而这个同事，压根就没抢过。

我问他："群里有红包，怎么不抢？好几块钱呢！"

他说："忙着干活呢，没空啊！"

我瞬间明白了，原来我上班的时候，手机就放在手边，没事刷个群看看有没有红包，再刷个网页，偶尔又发个呆，时间就这样被浪费了。最后活没干完，只能待在办公室加班，成了那种看起来很努力的人。而同事利用上班的时间集中精力把手头的活都干完了，下班就去健身房锻炼身体了。

利用“暗时间”，无处不在地思考。

利用暗时间做事是我体会比较深刻的，因为我现在就经常这样。

先说一下什么叫作暗时间。暗时间就是那种看起来不能用于工作和学习的时间，譬如走路、吃饭、上厕所、坐公交时的时间。

在人一天的活动中，有一部分时间被琐碎的事情消耗了，如果能合理利用就能大大提高工作效率。

开始写作之后，我就充分利用了暗时间。

上厕所的时候，我刷公众号，浏览最新的文章，看看社会新闻，看看爆款文章，思考自己要写的论点；走路的时候，构思今天要写的文章的基本框架；吃饭的时候，想一想文章的细节，以便在电脑前写作的时候，不用花费太多的时间。这就是我每天都要上班，还能保证发表文章的诀窍。

上面的四个故事，说明了两个问题。

那些看起来不怎么努力的人，其实并不是真的不努力，只是在你看不见的时候付出了努力，然后在你看得见的时候表现得风轻云淡。

这个世界上的天才很少，那些你认为的天才，其实并不是真的天才，只是人家努力的时候你没有发觉而已。

04

不要让你的工资，低配了你的能力

一个月薪 3000 的人和一个月薪 1 万的人相比，你认为哪个人能力会相对强一点？

在没有其他的辅助条件下，你当然会选择月薪 1 万的人。

用工资去评价一个人的能力，虽然有些单一和粗暴且不科学，但也是现实中最直观的评价标准。因为一个人的能力是一个综合性的参数，没有办法进行定量表达，而工资和收入却是一个实打实的数字，很是直观。

因而在当下这个时代，你的工资某种程度上就代表了你的能力。

和朋友小柯聊天，听他说最近换了个工作。

我问他原因。

小柯说：“我一个月工资只有四千五，而和我同一个宿舍的哥们儿一个月能拿到6000多，我感觉老板给我的工资配不上我的能力。”

小柯的专业能力很强，所以他毫不犹豫地换了个工作，现在每个月工资已经7000了。

现实中，我遇到过很多人，他们明明很有才华，工作又超级认真和努力，但是拿到手的工资却很少。

小柯说自己辞职的时候，对老板说了一句话：“对劳动者最大的尊重，不是虚无缥缈的荣誉，而是工资和奖金！”

也许小柯的话有点极端，毕竟荣誉对于劳动者来说也很重要。但是你一定要找一个合适的平台，让你的工资配得上你的能力，低廉的工资回报是对你和你的劳动最大的不尊重。

当你的能力长时间被工资低配，你就会习惯，会默认现在的工资就是对你工作付出的合理回报。

因为老板发给你的工资在向你传递一个错误的观点，会让你误以为自己的价值就这点儿，从而对自己的能力做出错误的判断，于是你自然就降低了对自己的期望。

对自己的能力评价低了，于是对自己的要求也就低了，渐渐地你就成了混日子的人。

所以，千万不要被你的工资和待遇限制了你的眼界，从而错误地降低自我要求。本来你是一个十分优秀的人，由于工资低配了你的能力，导致你最后丧失了优势，泯然众人矣。而你也慢慢习惯，从此降低了生活品质，过上了凑合的日子。

最可怕的事情并不是工资低，而是你的能力和热情会在低廉的劳动回报中被消磨殆尽，最后变成了自己曾经讨厌的人。

而那些认为自己的工资配不上自己能力的人，一直在寻求机会，并一直在努力。他们不相信自己的劳动就值这点钱，只相信自己的能力。所以他们一直保持热情，只为寻求配得上自己能力的工作。在奋斗和追求的过程中，他们的能力得到了进一步的提升，一旦时机成熟，他们就会选择一个新的平台，选择一个能让自己的能力生根发芽的平台。

所以，你缺的不是能力，而是一个尊重你劳动的平台。

我希望每一个有才能的人，都能遇见自己的伯乐，都能够让自己的才能得以充分的发挥，让自己的人生熠熠生辉。

我不希望用怀才不遇去评价你，认为你其实有才能，只是没有得到应有的回报。我认为怀才不遇不是对一个人的褒扬，而是一种无奈的叹息和惋惜。一个人之所以会怀才不遇，就是因为缺乏对自己正确的判断，浪费了天赋和才能。

不要让你的工资低配你的能力，你的才华、努力和付出值得拥有与之相匹配的回报。

05

你根本没有看见
别人的拼尽全力

高中时，我选择了理科。

理科生大多数对作文课并不怎么喜欢，而我却对作文课充满期待，宁可数理化的试卷做不完，也要用心去写每篇作文。

所以结果是：我的数理化试卷没做多少，作文倒是几乎每篇都被当作范文来读。高中三年，我除了背诵必考的课文外，还背诵了很多文字优美的散文。那时候我读文章的首要条件就是文字一定要优美。可能是受阅读水平的限制，难以深刻理解作品的思想性，所以只是喜欢漂亮的词句。高中时代，大多数同学都会觉得花大量时间背诵好词好句只不过会让作文成绩多得几分，很不划算。和同学们把时间用来背英语单词与刷数理化题目相比，我的做法显然是“没有把时间用在刀刃上”。

看到好的句子，我总是恋恋不舍，想据为己有，想有一天能脱口而出，所以我就不停地背诵。跟提高高考总分相比，我更愿意将时间花在看“无用”的书和背诵文字优美的散文上。

上大学以后，出于对汪国真诗歌的喜欢，我又开启了诗歌的背诵模式。当别人都在狂背英语四六级单词的时候，我却在花园中背诵汪国真的诗歌。大学四年，我也写了很多诗歌，打印出来有厚厚一本。

再后来，我又被网络小说多样的架构和丰富的想象所吸引，深深地喜欢上了网络小说。看了很多网络小说，有仙侠、玄幻、历史……基本上所有类别的网络小说我都有涉猎，平均一本网络小说 300 万字，我的总阅读字数过亿。

小说看多了，我就有了自己写一本的冲动。

从第一本小说《三世成仙》到后来的《绝色生香》，一共写了七年，中间写了好多本有头无尾的小说。“吃饱了睡”是我写《三世成仙》时用的笔名。后来换了许多笔名，转战过好几个小说网站。

写作之路很坎坷，期间写了很多个小说开头，少则三五万字，多则二三十万字，但是都没能受到编辑赏识，也就谈不上签约。

为了能够签约，我看过无数个版本的类似于《网络小说写作秘籍》的写作技巧。我就这样一边坚持写，一边研究写作技巧，终于在写作的第 5 个年头和出版社签了约，拿到了人生中的第一笔稿费。

从此之后，我仿佛一下子开窍了，也明白了悬念的设置、配角的设置、节奏的把控等许多写作技巧。

这个历程，让我真正明白了“纸上得来终觉浅，绝知此事要躬行”的道理。也就是说，看再多的写作秘籍，也不如踏踏实实写上几百万字效果好。

在很多朋友和同学的眼中，我的“写作之路”是突然开启的，看起来毫不费力。很多同学都是发现我的文章出现在他们的朋友圈之后，才得知我居然会写作。

然而，真实的情况是虽然我写公众号只有一年的时间，并且在很短的时间内就有所收获，但是在这之前我已经写了 4 年的诗歌、7 年的网络小说。

工作之后，为了写文章，我极力压缩着自己所有的空闲时间。

下班回家，我要走 20 分钟的路，然后坐一个小时的地铁。走路的时候，我会思考一些关于写文章的问题，如果想到了一些特别好的句子，就会停下来记在手机的记事本上。上了地铁，如果没有座位，我就翻阅一些电子书。如果有座位，我就用手机上的记事本开始写作。

毕竟我有自己的本职工作，所以我必须先保证自己的工作能够高标准地完成，而对于阅读和写作则只能是见缝插针。

有一次我正骑着自行车，在路上听到一个人打电话，她说了一句话，对我的触动特别大，于是我急忙停下来，记在了手机的记事本上。后来，我根据这句话写出了一篇文章。

对于公众号作者而言，在持续的写作过程中常常会面临感觉“自己被掏空了”的困境，没有东西可写。

要想尽可能地减少这种情况，唯一的办法就是不断充电，不但要坚持阅读，还要坚持做读书笔记，不然大脑根本记不住那么多东西。平时要把看到的精华记录下来，然后不断翻阅，在翻阅的过程中加深理解。

有些作者描述自己写作获得成功时云淡风轻，听起来他的成功貌似毫不费力，他就像个天才一样。然而，我是不大相信的。

那些所谓的天才，只不过是没有把自己的拼尽全力让大家看到罢了。

有些人，只要努力一下，就搞得人尽皆知；而有些人，是背后默默努力，最后以毫不费力的姿态表现出来。

千万不要被别人表现出来的毫不费力所迷惑。要知道，毫不费力的背后，一定有拼尽全力作为支撑，天才真的没那么多。

毫不费力，其实就是拼尽全力，不同的表象却是同一个本质。

我在写作上取得的这点小成绩，在外人看起来毫不费力，好像敲敲键盘就能写出一篇文章，就能出书，就能赚取稿费。其实只有我自己知道，为了写作，我一直在拼尽全力。

如果你愿意的话，只要拼尽全力，你也能够成为一个看起来毫不费力就会取得成功的“天才”。

06

成长的路上，谁没混过日子

许多年后，再回首大学时光……

我的脑海中，有一个印象特别深刻的片段，那是一段极其堕落的过往。

那段堕落的生活，辜负了最好的大学时光，我没有学习、没有恋爱、没有看风景，着实太可惜了。但是现在看来，虽有辜负，但也有收获，它让我明白了一些道理。

大二的时候，我被网络的新奇深深吸引了，可以说，学校周围所有的网吧都有过我的身影。

我开始通宵在网吧打怪升级，甚至一天只吃一顿饭，连上厕所都感觉是在浪费时间。那时候，整个人沉浸在游戏中，时刻处于一种难以自拔的亢奋状态中。

其实除了被游戏吸引，我还有一个念头，就是想体验一下彻底不学习、完全堕落是一种什么样的感受。

结果是，我体验到了。

我把自己完全沉浸在游戏中，不给自己留一点空闲的时间。因为一旦有空闲的时间，我就会去思考，而一旦去思考，就会意识到自己正在堕落，就会很痛苦。这是一种觉醒之痛。所以，我现在特别能理解那些整日将自己沉浸在赌博和游戏中的人，因为他们不能让自己有时间去思考生活的意义、思考自己的家庭，这种思考会让他们感觉很不好。

那段时间，我是疯狂的。疯狂之后，我终于搞坏了自己的身体，体重掉到了 110 斤，去医院检查，我的收缩压只有 90。医生很惊讶，连续测量了两遍。其实我很清楚原因，就是没有好好休息、没有好好吃饭。

我现在也没有想要逃避曾经那段堕落的生活，因为在这个世界上，有许多事情都可以逃避，唯有自己的过往不可逃避。那是自己走的路，那些岁月中都带有自己的心跳。

我生命中那些热血奋斗的经历如今历历在目，而那些被我辜负的堕落岁月，也同样鲜活有趣。

打游戏的时候，有激情、有热血、有快感。我在游戏中遇见了好玩的人，有几个到现在还保持着联系，我们的情谊从游戏中走向了现实。

那些混过的日子，也没有完全亏待我，而是以一种奇特的方式回馈给了我。正是极度堕落到触碰了底线，触碰底线后深刻反思的回归，才让我后来拥有了强大的毅力并迎头赶上。

曾经那些被辜负的日子，最终会积淀在我心里，形成丰富的阅历，这样我才能有足够的力量去对抗那些焦灼和不安、浮躁和浅薄。

混过的日子，只是我在前进的岔路口找了一个小站，休息了一下，遇见了一些不同的事情。

那些看似被辜负的日子，其实教会了我许多，让我懂得了什么叫作绝望、迷茫、彷徨和空虚。而那些不曾被辜负的日子，让我懂得了什么叫作奋斗、努力、热血和优秀。

慢慢地，我变得沉稳成熟和风轻云淡，认清了许多事，看清了许多人，明白了许多道理，也知道了什么是爱、什么是生活。

其实，我们还年轻，一切都还来得及，犯过的错，走错的路，交错的友，表错的情……所有的所有，在日后漫长的岁月中，都不会阻碍和影响我们生活中的美好，它们只是我们生命中一朵小浪花而已，虽然会打湿鞋袜，但是太阳晒干后，我们仍旧可以舒服地前行。

之所以能够看淡一些事情，最重要的一点就是我们曾经有过类似的经历，而这些经历组成了我们丰富的人生。

有些人总说自己浪费了大量的时间，其实之所以会有这样的觉醒，正是因为这些堕落的日子、因为这些浪费的时间。这种觉醒让你意识到时间的宝贵和生命的不可辜负，也因此让你变得热爱生活。

混日子，是我们成长过程中必需的经历，只不过每个人对时间辜负的长短不同，有些人可能用很短的时间就回到了正轨，而有些人对时间的辜负可能是一生。

年轻的时候，多去看看外面的风景，多去尝试新鲜的事物，无论是一场无疾而终的恋爱，还是一场漫无目的的行走，抑或是和朋友的醉酒寻乐，都是一种经历。在这些丰富的经历中，我们体验着新的生活。最终只要我们能够走上正轨，及时清醒即可。

把生活比作列车的话，大多数时候我们都在一辆叫作“奋斗号”的火车上，这列火车上的每一个人都充满了激情和斗志，但是座位有限，有时候我们不得不站着。当站得很累很累的时候，我们就会从这列车上下来，走上一列叫作“休闲号”的火车，这列火车上有很多人，但是也有很多闲置的座位和卧铺，我们可以很舒服地走一段路，看一些不一样的风景。只是“休闲号”这列火车上有时候可能会没有面包和牛奶，我们会感到饥饿，当两辆列车在站台相遇的时候，我们就要抓住时机，从“休闲号”上跳下来，重新登上“奋斗号”。虽然“奋斗号”很挤，而且让人很累，但是有面包和牛奶供应，风景也很别致。

我们可以羡慕别人的一路高速前进，但是也要真诚地面对我们曾经混过的那些日子。因为如果没有那些混过的日子，我们的生活可能会平淡很多，也不会有那些刻骨铭心的体会和觉悟。

我从来都不觉得任何一种行为是完全错误的，只要我们能从中攫取到思考和认识，那么它对生活就是有意义的。

可能那段被辜负的岁月，让你悔恨和痛心，但只要不再沉浸其中，跟那些日子来个一刀两断，同时把那些体会到的东西沉淀在心里，你就会变得坚强和勇敢起来。这就是那些被辜负的岁月教会你的东西，一旦领会了这些，辜负也就不叫辜负了，而是叫作成长。

混过的日子，是我们成长的必然历程，也是我们人生的组成部分，更是我们不同于别人的心理体验。如果不敢正视那些混过的日子，那么就相当于你的生命活活地被抠掉了一块，变短了许多，也变单调了许多。

我们爱生活，就要平静且真诚地面对那些被自己辜负的岁月。

成长的路上，谁没混过日子？做个早点醒来的人就好。

第二章

时刻告诉自己，要向上生长

01

下班后的时间，决定了你的精神颜值

白天上班时，每个人几乎没有什么区别，都在为公司创造效益而忙碌着。但是下班后，人们则各有各的不同、各有各的精彩。

朋友苏小昨是语文老师，她白天要上课，回家后还要照顾小宝宝，所以每天晚上只能等宝宝睡着后，才有时间写作。

小昨写文章并不是为了赚钱，而是真的喜欢。

有几次，我看到她半夜两三点发表文章，就问她怎么回事。她说，半夜里突然睡不着，不想浪费时间，就爬起来写文章。

很多人如果半夜醒了，可能都会抱着手机玩一会儿，等到睡意来了就继续睡。而小昨既要上课，又要照顾宝宝，为了写作，她每天都在争分夺秒。

正是因为这份坚持，2016 年小昨出版了自己的书，有了最美好的收获。她的文字和书影响了很多读者，她自己也成了一位自带光芒的作家。

很多人总是说白天上班太累或者有孩子拖累，所以没有时间培养自己的爱好，没有时间做自己喜欢做的事。其实这些都是借口，只不过是跟遇见更好的自己相比，你更喜欢手机罢了。

简爱是我很佩服的一位作者。

她只是一位从农村走出来的姑娘。和很多在外打工的人一样，她也在很多工厂打过工。可她并没有就此认命，而是努力抓住机遇，一路连滚带爬，最终打拼出了自己的事业，成立了自己的品牌，开了自己的公司。

可能我们会幻想，如果哪一天自己也成了老板，有豪车、大房子并且小富一方，那么我们躺着数钱就好了。

但简爱可没这样，为了把生意做得更大，和更多的国家有贸易往来，她利用工作间隙苦学英语。要知道，她可是没有英语基础的。但是现在，她那一口流利的英语，让我这个学了十几年英语的人都无比汗颜。

作为老板，简爱比自己的员工忙多了。但是她每天坚持阅读、写作，因此她的文章写得越来越好，而且新书也即将出版。

简爱说，自己都是利用工作的间隙或晚上加班写文章。要知道，她不但是老板，还是两个孩子的母亲，小宝宝才上幼儿园，正是黏人的时候。

简爱说，自己的业余时间不是给宝宝做饭，就是阅读和写文章，很少去交际，也几乎不玩手机。因为她觉得，还有比玩手机更有意义的事等着她去做。

和那些比你有钱、比你优秀、比你有能力又比你努力的人做朋友是很有压力的，因为你不努力就会不好意思。

如果你的方圆一里内都没有一个励志的人，那么你就要考虑换一个环境了。

我常常和简爱开玩笑："简姐，你活成了'鸡汤'的样子。"

写作这一年最大的收获，就是认识了很多有意思的人。

小韩，我的一个朋友，前两天在群里分享了她的收获：得了一个全军微电影二等奖。

她在一个部队医院上班，每天都很忙。为了拍这个短片，下班后，她和团队在冷风中捕捉画面，连周末也用来讨论剧本和拍摄。经过整整两个月的忙碌，她终于获得了这份荣誉。

不仅如此，她还学会了视频剪辑和一些后期处理的技术。

于是，和她在一个科室的同事都很羡慕她得了奖。但是没有人知道，下班后，其他姑娘不是和男朋友约会，就是躺在沙发上看韩剧，只有她匆匆吃点东西，拉着自己的团队、扛着器材去寻找拍摄场景和灵感。

小韩利用下班后的时间收获了自己想要的荣誉，也得到了很多人的赞赏。

小孟一直坚持自学网络编程。今年 6 月份，他所在的公司倒闭了。当同事们都在为工作发愁的时候，他早已华丽地换了一个身份，成了一家上市企业的工程师，比原来的工资高了许多。这就是他利用下班后的时间做出的成绩。

小糖喜欢写作、摄影和画画。她每天下班后，就在房间里画画，周末就出去采风拍照片。

她拍的照片在她们市的摄影比赛中获了奖，她也成了《国家地理》的特约摄影师，加入了她们市的摄影协会，拥有了很多和自己志趣相投的朋友。

如果你也有梦想，那就好好利用下班后的时间吧。这些时间对于大多数人而言，根本就不是海绵里的水，而是一大盆。

利用下班后的时间，你可以做很多有意义的事情。如果坚持一年，你一定会发现，自己变得更优秀了。

努力工作是为自己提供物质基础，但你的精神世界也需要吸取养分。你的气质以及你的言谈举止，都是你精神颜值的表现。

那些被你浪费掉的时间，将来都会变成后悔不迭的眼泪，令你扼腕叹息。

千万不要把自己活成退休的样子，一定要有自己的意趣，才能成为更好的自己。

只要你不辜负时间，时间定会投桃报李。

如果你每天都沉浸在令人身心疲惫的工作环境中，而不去吸取精神营养，那么不用几年你就会对生活、对工作充满抱怨，从而变成一副死气沉沉的模样。

下班后的时间，是你最好的增值期，也是你精神颜值的决定性因素。

只要你不辜负岁月，岁月终将会对你温柔以待。

02

和你说话
不用费脑子

前几天，收到了读者芒果姑娘给我的留言。

“我谈了一个男朋友，但是不知道是不是可以谈婚论嫁了，所以有点纠结。”

“那你和他说话的时候，觉得轻松吗？”我问。

“我和他在一起挺舒服的，不会觉得尴尬和拘束。现在我们无论谈论什么话题，都能说到一起。有时候，遇到自己不懂的地方，我就安静地听他说。他侃侃而谈的样子，很帅呢。”芒果姑娘回答道。

“两个人在交流的时候，不用费脑子，不用担心被误解。不说话的时候，不觉得拘束，也不觉得尴尬，说明你们两个已经彼此熟悉，而且彼此放心。”

芒果姑娘高兴地说：“那也就是说，我们很适合了？”

“不要错过那个对你说再多话，也不会让你觉得厌烦的人。”

生活中，说话是人与人之间最主要的交流方式。如果能遇到一个人，你和他说话时可以想到什么就说什么，而不用在内心排练无数次，那么这个人就是你的灵魂伴侣，请张开双臂拥抱他、珍惜他，你一定会幸福的。

“你最近忙吗？”

“还行，您有什么事吗？”

“你妈最近身体还好吧。”

“嗯，挺好的。”

“哦，那你最近方便不？”

“需要我帮啥忙吗？”

“也不是特别麻烦的事，就是怕耽误你的时间。”

“您说吧，如果能办到的话，我会尽力去办。”

“其实也不是啥特别重要的事。”

“您别客气，我能帮的，不会推辞的。”

“哎，其实对你来说，就是一件小事。”

这段对话，是朋友和他的一个亲戚说的。

朋友说，他快被这个亲戚搞崩溃了，拐弯抹角说了十分钟，也没有说明白自己想干啥。

朋友说，他一直在猜测：这个亲戚到底要干什么？是要借钱，还是有别的事情？朋友是个警察，他甚至想是不是这个亲戚做错了什么事了，想要走关系。

如果是借钱那还好说，能出多大力就出多大力。朋友就怕亲戚想利用他的职务之便，让他做一些违规的事情，这样会让他很为难，弄不好自己会受到处分。但是不帮的话，又会伤了亲戚情分。所以，他特别想知道对方到底想让他帮啥忙。

有话直说，不拐弯抹角，才是最有效的沟通方式。这样做，一来是尊重对方并节省对方的时间，二来是减轻对方的心理负担。

表妹向我吐槽："你不知道，我有个室友简直太敏感了，无论我们说什么，她都能联想到自己，总认为别人是在说她。

"有一次，我们在宿舍讨论一个女明星，说她衣品太土了，简直就像个村姑。结果她认为我们是在说她，嫌弃她是农村来的。

"我们当时只是在讨论这个明星而已，真的没有含沙射影。后来我还私下里向她解释了一下，可人家就是不肯相信我们没有说她，还说我们在排挤她，嫌她土。"

有些人总是喜欢自编自演，在戏中不能自拔，还总把自己的敏感多疑当作冰雪聪明。

我觉得两个人的关系好到一定程度时，给人最直观的感受就是他们说话的过程中，不用想措辞，不用怕对方误解，也不用担心自己哪句话刺激了对方敏感的神经。总之，就是交流起来特别舒服。

面对上司，说话时会因为职位而有压迫感；面对师长，说话时会因为尊重而有距离感；面对陌生人时，我们说话会有戒备心；面对不算很熟的人时，我们说话前总会先考虑一番。这样的交流，都不会让人感到愉悦和放松。

在这个快节奏的社会，人们会充满焦虑，产生很多心理垃圾，这时就需要找个人来排遣和诉说。

有些事情，憋在心里，会让人很难受。但如果面对一个人，可以把所有的委屈都说出来，而不用顾虑任何东西，我们的心里就会舒服许多。

所以，一生中，一定要有那么几个人，能让你面对他们的时候，说话不用费脑子，表现出最真实的自己。

如果真的遇到了这样的人，一定要好好珍惜，他们就是你这一生最重要的人。

如果能拥有几个说话不用费脑子的朋友，那么你就比国王还要富有。

03

有了被遗弃感，
说明你正在改变

当你决定要努力做一件事情的时候，就说明你试图从一个熟悉的圈子进入到另一个在你看来更优秀的圈子。而当新圈子尚未接纳你，旧圈子却已远离你而去的时候，你就会产生孤独感和被遗弃感。

上大学的时候，我们宿舍有 7 个人，当时出了一款网游，大家就一起玩。

玩网游，要打怪、刷副本、买装备。有时候，一个副本要刷 N 遍，才能刷出一个材料来，所以十分耗时间。

那会儿，我们经常会组队去网吧玩，而且通常都是一个宿舍整体出动，场面很是浩大。

后来，我决定考研，就准备退出这个游戏，因为它实在太耗费精力和时间了。这个时候，身边就出现了几种声音。

“咱们宿舍就你一个人考研，你不觉得孤独吗？”

“研究生毕业也不一定能找到工作。”

“下午一起去打副本吧，给你把那个石头打出来。”

说实话，考研的这个信念我也动摇过。因为整个宿舍就我一个人考研，而大家都在玩游戏，我的确感觉很孤独。

但是最后，我还是忍痛把我游戏角色的装备全部都扔了。要知道，那些装备可是我花费了大量的时间才打出来的。

从此，我便开始了孤独的考研路。

每天晚上，当大家不是出去打游戏，就是在宿舍打牌或者看电影的时候，我都是一个人在自习室。回去之后也没人搭理我，仿佛我不存在。

我也不知道是大家有意疏远我，还是不想打扰我，反正那段时间，我深刻地感受到了孤独和被遗弃。

大四上学期，课程已经不多了，当整个宿舍的人都在睡懒觉时，我就起来背单词、读英语。我每天 6 点就从床上爬起来，洗漱完去自习室，从早晨起床到离开宿舍，没有人和我说一句话，因为大家都在睡觉。

宿舍的人没有午休的习惯，而是打牌、看电影，声音很吵。我无法在宿舍午休，就只能趴在图书馆的桌子上休息，到了晚上十点多图书馆关门，才会回宿舍。整整一天，我和宿舍的人基本上都没有交流。

大一和大二的时候，我和宿舍的人相处得都很融洽，大家一起逃课、一起玩游戏、一起睡懒觉、一起吃饭。

那时候，我没有感觉到过孤独。而当我决定考研的时候，才深深地体会到了这种感觉。这种感觉，一直持续到我拿到了研究生录取通知书。那一刻我才发现，我曾经感受到的被遗弃感，在我通过努力实现梦想获得幸福感面前，根本就不值一提。

同时，我也明白了，所谓的遗弃，只不过是大家选择了不同的道路而已，而不是谁遗弃了谁。

刚毕业进入单位的时候，我们单位一共招聘了36名新员工，大家来自不同的学校，都是朝气蓬勃的年轻人，相处得也很融洽。毕竟是刚进单位，还没有复杂的职场关系，大家都显得很单纯，和在学校里面与同学相处的感觉很像。

那时一下班，就会有人喊我去喝酒聚餐。

刚进单位，同事能邀请我喝酒，我自然是却之不恭。而且那个时候，也确实没有什么要紧的事情，所以每次有人叫我，我都会去。

大家都是刚从学校出来，且拿到了人生中的第一份工资，所以喝酒聚餐很频繁，今天你请我，明天我请你。

我因为喝吐过好几次，就有些不大愿意喝酒了。但是碍于面子，大家一叫，我又屁颠屁颠地跑去喝，然后回来再吐。

后来，我的读者粉丝群里有人问我怎么不开新书了。

我说上班忙，实在没空。

可仔细一想其实也不是那么忙，于是就在网站上开了一本玄幻小说。因为之前在这个网站上写过文章，所以就顺利签约了。

读过网络小说的人应该都知道，网络小说要天天更新，否则，就没有全勤奖，读者也会大大流失。所以，我得保证每天至少有 2000 字的更新，而且周末也不能休息。

自从开了新书，再有同事叫我出去喝酒的时候，我就说自己要更新书，没时间去。也确实没有时间，每次喝完酒，我头都晕得厉害，根本不能写字，整个人的状态很差，而且会持续到第二天。

同事叫了我两次，我都拒绝了。

后来，他们再一起吃饭喝酒的时候就不叫我了。

于是，我又成了一个人，孤独地写字，产生了一种被遗弃感。但是，这时我已经成熟了，能够平静地看待这件事情了。

与此同时，我也开始享受这种被遗弃感，因为这样，我才有更多的时间来干自己喜欢的事情。

当你决定要努力时，如果能体验到被遗弃感，就说明你正在改变。不要恐慌，当你努力到一定程度时，就会有一个更好的圈子来接纳你。

04

所谓发脾气，本质是内在实力的一场较量

发脾气，是一件司空见惯的事情。有些人通过发脾气，能很快达到目的；而有些人喊破喉咙，骂到口干舌燥也无济于事。这是为什么呢？

当一个人发脾气的时候，他的“脾气力”是否可以产生效果或是否可以达到预期目的，从根本上来说和他发脾气过程中的精彩表演是没有多大关系的。有些人发脾气的时候，语言精彩绝伦，面部表情切换自如，甚至脸红脖子粗加手舞足蹈，看似威风凛凛，实则如同拳头打在了棉花上，毫无效果。在这样的情形下，他的“脾气力”自然是无效的。

然而，很多人每天都在制造这种无效的“脾气力”。为什么会产生这种无效的“脾气力”？为什么有这么多人喜欢做这种无用功呢？那是因为他们没有弄清楚发脾气的本质意义。

发脾气的本质意义，就是对自己的内在实力能碾压对方的高调声明。而很多人把发脾气当成一种达到目的的手段，这显然是错误的。

但凡无效的发脾气，都是把发脾气当成一种达到目的的手段，而忽略了发脾气背后的深层意义。因内在实力碾压不了对方而发脾气，只能称作一场色厉内荏式的声色表演，不过是娱人愚己而已。

真正会发脾气的人，是把发脾气作为一种内在实力的宣示，起到的是警示意义。

说到这里，想必你对发脾气的本质已经明了了。

其实，发脾气有隐性发脾气和显性发脾气之分。所谓隐性发脾气，就是不动声色地以自己强大的综合实力来碾压对方，让对方不得不就范。而显性发脾气，就是大动声色地利用语言和肢体动作来助攻综合实力，以求让对方就范。

举一个例子，如果周末老板突然打电话让你加班，你肯定不愿意，但是又不得不去。在这个过程中，老板看似没有发脾气，实际上不动声色地完成了一次发脾气的行为，即利用自身的强大实力对你进行了一次碾压。如果换作是一个普通同事来通知你加班，你肯定会有各种理由推辞，因为同事和你势均力敌。

在日常的交往中，我们常常会遇到对人发脾气或者被人发脾气的情况。只不过很多时候都属于隐性发脾气，是在不动声色中完成的。

那么显性发脾气就很好理解了，常见的情侣吵架、领导训员工和邻里之间的叫骂都属于此范畴。能发展到显性发脾气阶段，一般都意味着双方势均力敌、综合实力相当，需要借用犀利的语言和丰富的肢体动作来给自己助威，以求增强综合实力，最终让对方屈服。

生活中存在一种现象，陌生人之间的发脾气，更容易擦枪走火，发展为显性发脾气；而熟人之间的发脾气，大多数都是隐性的，即以潜移默化的方式进行综合实力的输出和碾压。

陌生人之间发脾气的时候，喜欢破口大骂，然后撸起袖子就开始打架，因为陌生人之间无法对彼此的综合实力做出准确的判断，所以就很容易采用原始的评判标准，即体力之间的较量。

熟人之间的发脾气，更多的是隐性发脾气，其根本原因是双方对彼此的内在实力很了解，所以就很容易不动声色地发脾气。

通常情况下，如果有人向你发脾气而你不反击的话，就会被人认为“脾气好”。给人造成脾气好的印象有两种本质的原因：第一种，就是你根本不在乎对你发脾气的这个人，且认为这个人不会对你造成任何影响，所以你会不在意；第二种，从很大程度上说就是面对自己的无能为力时所做的一种自我保护。也就是说，通过隐忍来达到自我损伤的最小化。需要明确的是，这里的“隐忍”并不是贬义词，而是有着识时务者为俊杰的意思。

相反，有些“不通人事”的人，把别人对自己发脾气当成对自己人格的侮辱，于是恼羞成怒地和高位的人赤膊而战，最终只能是溃不成军。

这里需要明确的是，当一个人对你发脾气时，他的本意其实并不是挑衅和羞辱你，而是一种自我实力的宣示。除非你有与之匹敌的实力，否则，就不要死要面子活受罪了。当然，还存在一种人，本身并没有什么内在实力，却经常发脾气，而且发脾气的对象还是比自己内在实力强的人。这样的人是无法在社会上生存的，因为他根本不懂生存之道。当然，如果你是内在实力强的人，在一些情况下发脾气能高效快速地解决问题和事端，这样的发脾气就不能说没有用。

发脾气，是一种情绪的高能输出，对于人际关系的维护具有毁灭性。所以发脾气的时候，一定要明白其中的本质，而不要任性，无效的脾气只会自损肝脏，无益于身体。

发脾气甚至是吵架时，双方拼的都不是叫骂声和咆哮声，而是内在实力。内在实力的组成包含但不限于财富、身份、背景、地位和学识等。

05

你之所以焦虑，是因为你急于过“标配”的人生

在中国人的意识中，每个人生阶段都会有一个“标配”般存在的模板，而迫切成为和这个模板一样的“标准件”，是多数人焦虑的根本原因所在。

一对年轻父母，关于孩子的“标配”标准就是生一个“别人家的孩子”，听话又懂事，学习成绩好，年年拿奖状，给父母长脸面。如果生了个调皮捣蛋、不爱学习的孩子，父母就会时刻拿自己的孩子和隔壁家的“标准件”去对比，而越对比就越发觉得自己家的是个“残次品”。一旦被父母拿来和隔壁家的“标准件”对比，时间久了，孩子也会慢慢觉得自己是个“非达标产品”，从而自信心受到剧烈打击，最后破罐子破摔。

一些刚毕业的学生，他们所认为的“标配”人生，就是在两年内有房有车、三年内结婚生子。如果谁在最短的时间内完

成了这些事情，就会被周围的人称为“人生赢家”。

一个 26 岁的女读者，当她看见同学和同事都纷纷走进婚姻的殿堂，便感到十分焦虑，以致严重失眠。因为她妈妈说过，作为一个女人，就应该在 24 岁之前把自己嫁出去，在 28 岁之前生完二胎，然后相夫教子，这样才是女人的“标配”生活。这个女孩看着身边的闺蜜一个个都成了“人生赢家”，虽然自己的事业节节攀升，但还是觉得自己“失败极了”，因为她走的不是女人的“标配”之路。

我曾经和朋友讨论过：究竟什么样的男人才算是相对成功的男人?

结果几个朋友都认为，30 岁之前买房买车，结婚生子，事业蒸蒸日上，外加一笔不小的存款，这样的生活状态才算是 30 岁男人的“标配”。如果再优秀点，住 200 平方米的房子，开 100 万元的车子，这比“标配”有所升级，算是人生的“豪配”吧。

大多数男人为了达到“标配”，成为一个“标准件”，整日焦虑不安、忧心忡忡，总觉得自己活得“很窝囊”，完全没有“男人的尊严”。

一个朋友说，自己的成绩曾经碾压众多同学，毕业后留在了北京，工作也不错，但是距离在北京买房还差一点。而他的一些同学，早就在三四线城市买房买车、结婚生子，达到了“标配”。看着别人秀恩爱晒娃，全是岁月静好。而自己在北京苦苦努力，至今却仍孤身一人，觉得很失败。

“人生赢家”这个词，似乎成了褒扬一个人的最高标准。而评判一个人是否是“人生赢家”，就要看他是不是已经“有房有车”并且“结婚生子”。

然而，人生又不是一场赌博，哪有什么“人生赢家”和“人生输家”，只不过是每个人走的路不同罢了。

这么说来，要想过“标配”的生活，奋斗是必需的。

人生不是一场赌博，而是一场旅行。如果把人生当成了赌博，那么注定会和焦虑永伴。

每个人的人生都是不一样的，不同的人生有不同的精彩，而我们都希望活出自己的精彩。

我见过急于过“标配”生活的人，他们给自己制订了详细的人生“目标”，对房、车、存款、女人、孩子……都会做出一个精确的时间计划，并且认为只有如期完成才能成为所谓的“人生赢家”。

其实，“人生赢家”不过是过上了大众的“标配”人生。这种“标配”模式的生活，其实很没有挑战性。把人生过成了“标准答案”，沦为庸俗的“大多数”，这样的人生无趣极了。

我们要尽自己最大的努力，慢慢地靠近自己想要的生活，而不是追赶“标配”。在这个努力的过程中，享受生活中的美好和温暖，如此，才算没有辜负岁月。

不给自己设定“标配”，不给孩子设定“标配”，不去羡慕别人的“标配”，不去嘲讽别人的“非标配”，这是最起码的生活智慧。只要怀揣着对生活的美好期许，并且一直努力向上，拥抱爱人和家庭，用心工作，在自己的能力范围内回馈社会才是最好的人生路。

值得一过的人生，是你自己独特的人生，是“私人订制”。

06

谁不是一边觉得活着没意思，一边又元气满满地活着

一个朋友在群里吐槽工作太辛苦，说自己每天早晨 6 点就要起床，一路狂奔只为能挤进地铁。在公司，拼尽全力地工作，不敢出一点错误，生怕被解聘。辛苦了一天，在夜色中回到租住的 20 平方米的小房子，感到身心疲惫，看不到未来和希望，他觉得生活本不该是这个样子的。

听到他这么痛苦，感觉他生活在水深火热之中，我们本打算劝解一番，可是下一秒就收到他的消息，说这个月发了 3000 块钱奖金，要去吃顿大餐啦。20 分钟后，他的朋友圈就刷了几组美食照片，心情可谓大好。

一个女人向她的几个闺蜜倾诉她的丈夫不善解人意，不会照顾人，工作也不努力，听上去仿佛铁定了要和丈夫离婚。可是手机一响，接了一个电话后，只见她立马笑着说：“我老公

做好饭了，叫我回家吃饭呢。”瞬间，脸上洋溢着浓浓的幸福。

面对生活中的不如意，我们会抱怨、诅咒。我们感觉自己被无情地抛弃了，感觉整个世界都与自己为敌，感觉自己犹如世界的一粒沙砾、一颗尘埃，没有目标，没有方向，不知道该何去何从，漫无目的地随风摇摆，甚至觉得连风都懒得搭理自己。我们感觉自己就像一个没有生命的玩偶，被命运玩腻了便随手一扔。

但是，生活给予我们的不全是这些负面的情绪，还给了我们希望、感动和善良。在某个时刻，我们的内心会一瞬间被温暖填充，然后又一下子恢复元气，重新爱上这个世界。

一生中，我们都会经历几段特别难过的时光，譬如考试失败、生意失败、被解聘、和朋友闹矛盾、夫妻感情不和，甚至家庭遭受重创……这些灰暗的时光，把我们折磨得体无完肤、千疮百孔，让我们绝望不已、撕心裂肺，看不到未来、看不见希望。

我们就好像被人掐住脖子，把头塞进冰冷的水中，快要窒息。尽管我们失望、伤心，觉得不公平，但是我们的内心一直还抱有希望，傍晚的云霞、偶尔的蝉鸣、孩子的一声爸妈、朋友的一句关心，都会让我们心潮涌动，觉得这个世界依然美好。

无论多么压抑和痛苦，黑暗中的那点光亮都足以让我们在短暂的痛苦中重新元气满满。因为我们相信，乌云一定会散去，太阳一定会出来，生活总会迎来光明。

经历得多了，我们就会越来越热爱这个世界。随着年龄的增长，我们有了朋友、有了爱人、有了子女，正是因为有了他们，我们才有了最美的回忆，也才有了可以期待的未来。这些被我们牵挂和羁绊的人，让我们感受到了开心和幸福。

真正强大的人，是抱怨、伤心、失望、痛苦过后，依然元气满满，然后继续前行。

生活不可能十全十美，人生也不可能一直称心如意。有些人在黑夜里哭泣，在人前却笑靥如花。这不是因为他们虚伪或者外强中干，也不是因为他们心肠硬或者神经粗线条，而是因为他们充满智慧，明白生活本就是由痛苦和快乐构成的。

如果你一直逃避痛苦，那么注定你也会失去快乐。我特别欣赏那些失意和绝望的时候能快速恢复的人。当我们面对困境且觉得不可能战胜时，可能是我们低估了自己的能力，其实咬咬牙再坚持一下，那些不开心的事情、那些觉得可能过不去的坎儿，都会慢慢过去的。

不沉湎于痛苦，让自己快乐是一种能力。

朝云、晚霞、美食、朋友……很多美好的事情都是我们恢复元气的动力。无论遭受多大的打击，我们都要明白，没有人会一直沉在谷底，只要再努力一点，就会慢慢地爬起来，从此变得更加坚强。

那些坚强的人，其实都是在经历多次的伤心和失望之后，心里的创伤才会慢慢结痂。而这些血痂就成了他们坚强的外衣，让他们变得越来越成熟。

愿你流泪的时候，也能想起世间的美好。

人生是不圆满的，同时也是圆满的。

不圆满，是因为这一生我们会感受到很多痛苦，我们哭着来到这个世界，接着经历求学和工作的艰辛、婚姻生活和教育子女的焦虑、人生抱负和追求理想的迷茫……痛苦和焦虑一直伴随着我们。

圆满，是因为这一生我们会遇见爱我们如命的父母、和我们携手共度一生的爱人、带给我们希望和快乐的孩子，还有无论何时都会和我们站在一起的好哥们儿和闺蜜。我们能幸运地体验春夏秋冬四季轮回，生老病死生命无常，悲欢离合俗世情欲，天南地北世间美好，所以说这一生也是圆满的。

人生，其实也是一场修行。不悲不喜的境界我们难以达到，但是我们要努力修行。而修行的缘由，就是我们要理解生命、认知自身，懂得命运和努力的意义。逆境时，我们要相信努力的意义；顺境时，我们要明白命运的无常。因此，我们要尽量让自己圆融和通透起来，给自己一个圆满的人生。

谁不是一边觉得活着没意思，一边又元气满满地活着？愿你在认清社会的现实之后，依然热爱生活。

第三章

保持初心，才能让自己更强大

01

低谷并没有那么可怕

下班后，顾不上疲惫和闷热，我和磊哥、点姐义无反顾地挤进热火朝天的公交车。尽管公交车如同蒸笼一样，却丝毫没有减少我们的激情。

之所以会这么拼，是因为今天是火锅的最后一天半价。“都别动筷子，我先喝一口汤。”磊哥迅速地拿起汤勺，给自己盛了满满一碗红油火锅汤。

“你口味真重！”点姐很鄙视地说道。

磊哥吸溜了一口汤，喝汤的声音很大，但是并没有喝进去多少，因为汤太热。不过可以看出，磊哥喝得很享受。

“好久没有吃大餐了，生活真美好。”磊哥心满意足地喝完一碗汤后，发出了这样的感慨。

“我可以下菜了吧？”点姐迫不及待地将羊肉卷和鱼丸倾

盘而入。

这是一家新开的店，因为坐落在西安最繁华的地段，材料也极其新鲜，所以价位比一般的火锅店要贵些。

“这家店也就是打折的时候才来吃，如果不打折，根本不划算，趁着半价我们要放开吃啊。”点姐捞起一个鱼丸塞进嘴里，边吃边说。

“我们真穷，吃个火锅也要精打细算，哎！”磊哥叹了一口气。这句话真真切切地说出了我们的境况：我们仨都很穷，没房没车没存款。我们基本上都在公司吃食堂，偶尔才会破费一次吃顿大餐。而吃大餐一定是团购，或者是选择周年庆或刚开业的店，因为它们有折扣。

为了吃这顿火锅，我们可是在公交车上挤了一个多小时，满身都是汗。我们用漏勺在汤里捞了三遍，确定没有“漏网之鱼”后，这才放下筷子付钱走人。

回去的时候，透过公交车的窗户，看着疾驰而过的私家车，磊哥闪烁着眸子说：“啥时候，我也能买一辆车，就不用在这么热的天挤公交车了。”点姐则一脸憧憬地说道：“还是先攒钱买房吧，我想有一套属于自己的房子。”

我们仨，一个想着车子，一个想着房子，而我想着下个月发了工资再来吃一顿。

大博，是我的一个好朋友。实习完回到西安，我就直奔大博家，看着大博白白胖胖的儿子，真是让我羡慕不已。

“大博，你是人生赢家。”我笑着说。

“啥人生赢家，老婆孩子跟着我吃苦，我现在感觉好迷茫。”大博的眼神中透露着疲惫。

大博租的是两居室，他妈妈带着孩子住主卧，他们小夫妻住次卧。房间里的沙发是旧的，床是旧的，柜子也是旧的。唯一新的，就是一个婴儿车，还有一个布质的简易衣柜。

大博现在满心都是柴米油盐，他所在的公司效益不好，他也一直在纠结要不要辞职。没有孩子时，他还没感觉到负担这么重，他和老婆还会看看电影，出去旅行；有了孩子之后，除了给他带来幸福感之外，经济变得拮据，时间也没有了，他觉得自己跌入了人生低谷。

大博的母亲一个人照看孩子很累，于是大博就趁着周末给孩子洗尿布、买菜、做饭。在我的印象中，大博是一个很会玩的人，喜欢打球和 K 歌，没事喜欢和朋友聚聚。而现在的他，多了些成熟的味道。

20 多岁的我们，又穷困又迷茫，正处在人生低谷，就连吃一顿火锅也要精打细算。我的好朋友大博，结婚生子后，生活似乎也陷入了困顿。

但还有一些人一路高歌猛进，和我们年纪相仿，却已经有房有车，家庭事业双丰收。在我们看来，这些人就是“人生赢家”，已经走向了人生巅峰。

然而，不同的人有不同的路要走，旁人是羡慕不得的。

对于有些人而言，幸福可能会晚一点到，譬如那个爱你如命的伴侣。可能你的朋友和同学早已结婚生子，而你还没有遇到那个你爱的人，但是一定不要着急，那个晚到的人只是为了给你惊喜。

那些看得见的东西，譬如房子和车子，时间都会慢慢给我们的，只是晚一点而已。那些看不见的东西，譬如感动和小确幸，无论我们是处于低谷还是巅峰，只要热爱生活就会拥有。

所谓人生巅峰，就是长久地在低谷中徘徊，却一直不肯放弃，最终成功走出低谷。在人生低谷中，我们体验的心酸、付出的汗水、遭受的白眼，都是为我们走向人生巅峰所做的最好准备。有些人比我们快一步，就像搭乘了高速车一样，而我们则是徒步前行，虽然落后了一些，但是却看到了自己喜欢的风景。

用心生活，不去攀比，艰难的日子不会太久，挺一挺就过去了。

请相信，生活一定会春暖花开。

02

别忘了，你曾经也优秀过

事实上，我们之所以这么努力，只是为了找回那个曾经优秀的自己。

我和小学同桌小蓓，已经有10多年没见过面了。

过年回家在超市碰见了，我和她先是一愣，然后相互打量了半分钟，才一起笑了。

因置办年货，超市的人比较多，我们就找了一个储存货物的角落聊起天来。

小蓓带着她的孩子，五六岁的样子，是个可爱的小姑娘。

小学五年级的时候，她是我们班的学习委员，成绩一直排在前三名，是被老师捧到天上的那种女生。而作为她的同桌，我只能默默地看着她发光发热。

她还写得一手好字，胳膊上永远都戴着大队委的三道杠，绝对是班主任的宠儿。

那个时候，她如同一颗耀眼的星星，不仅学习好，人长得也清秀，简直就是我心目中的女神，让我念念不忘好些年。

“你现在做什么工作呢？”我问她。

她摸了摸孩子的头，讪讪地说道：“也没做啥，就在家里给小孩做饭。”

看着眼前身体发福、穿着土气的小蓓，也就是我曾经的女神，让我有种怅然若失的感觉。

曾经那么优秀和耀眼的小蓓，现在却成了一个给孩子做饭的家庭主妇，没有自己的事业，屈居在老家这个小地方。

虽然一个人的幸福不是从外在能看出来的，但是我觉得她可以有更好的生活，可以像我大学的一些女同学一样，注重自己的身材、注重自己的穿着品位、拥有自己的事业。

也许是因为孩子在场，她并没有多说什么，只是大致说了一下她上初三之后就没有好好学习，结果没有考上大学，于是早早地定了亲、结了婚。

每个人的人生经历中，都有过优秀和辉煌。

我也曾经因为初二和初三时的优秀，认为自己考上北大清华不是问题。

然而上了高中，进入我们学校最好的火箭班之后，我的成绩就不忍直视了。火箭班，是由中考成绩优秀者组成的。每一年，火箭班最后十名都会被剔除掉，然后让其他普通班级的第一名加入，竞争可谓残酷又激烈。

而我一直在倒数十几名垂死挣扎，尽管没有出局，但是结果并不好。反而那些从普通班级过来的同学一个个爆发力十足，横冲直撞地进入班级前列。

而曾经优秀的我，也只是考了一个很普通的大学。当然，我是接受现实的，毕竟付出和收获是成正比的。

优秀并不难，难的是能够一直保持下去。

我一个研究生同学，在一家外企上班。刚入职的时候，她感觉压力很大。她说有好多清华大学毕业的高才生，觉得自己这个学渣能被虐死。

对于她的担忧，我感同身受。

一年过后，当她再次和我聊天的时候，已经坦然了许多。她说自己这一年简直是拼了，终于在技术上和清华毕业的同事差不了多少了。

我问她："是什么让你下了这么大的决心，付出了这么多的努力？"

她笑着说："本姑娘也曾经霸气过，也有上清华的潜力，所以就拼着一股劲儿，想看看能不能超过这些同事。"

这个同学现在已经成了公司的一个小主管，可以说和那些一同进公司的清华毕业生相差无几，甚至比其中一些还要更优秀。

这个同学曾经有过辉煌，可能是在小学，或者在初中，或者在高中。这些优秀的过往都是美好的回忆，有时候分享出来会让周围的人知道自己曾经多么厉害、多么耀眼。

但是曾经的优秀，不应该仅仅成为美好的回忆，而更应该成为现在奋发向上的动力。毕竟我们也曾经优秀过，所以我们绝不能妥协于现在的平庸。

有时候，曾经的优秀可能会成为现在的伤痛。

比如我的同学小蓓，在超市和我分别的时候说，她现在最后悔的，就是当初在最好的年华没有把精力放在学习上。曾经那些成绩不如自己的闺蜜，一直都没有放弃学习，最终考上了大学，在大城市中活得有滋有味的。而自己本来很优秀，如今却只能每天在菜市场和厨房中转悠。

小蓓曾经是“别人家的孩子”，也是小伙伴中的佼佼者，可她却没有将她的优秀保持下去。我不想去评价她过得幸不幸福，只是觉得她应该过得更好。

有时候，一直平庸并不可怕，可怕的是从优秀走向平庸。我见过太多的人，扼腕叹息自己曾经多么多么厉害、多么多么牛。言语之中虽有自豪之情，但更多的则是叹息。

曾经的优秀只能代表曾经，代表不了现在，也代表不了将来。曾经的优秀能够证明你有优秀的能力，但是不能证明你有一直保持优秀的魄力。

你是否还念念不忘曾经的优秀？

当你迷茫、颓废、疲惫的时候，回头看看曾经走过的路，发现自己其实还是挺牛的。

每个人都有一段优秀的经历，只不过被后来更多的平庸所淹没。他们在前行的道路上被那些加快脚步的人越甩越远，最后成就了现在平庸的自己。

不要等了，从现在开始努力吧！因为我们曾经优秀过，所以我们不能忍受现在的平庸。只有这样，我们才能找回那个曾经优秀的自己。

当面对困难的时候，我们要告诉自己：我们曾经优秀过，所以我们有再次优秀的能力！

03

不要让你的野心，配不上你的才华

野心之所以被称为野心，就是因为它超越了一个人当下的能力，需要努力拼搏很长时间才能够实现目标。如果一件事情根本不需要努力或者稍微努力一下就能做到，那就不能叫野心了。

我遇到过一些特别优秀的人，却并没有过上与他们才华相配的生活；反而是那些并不怎么有才华的人，因为野心最终过上了他们想要的生活。

我表哥比我大两岁，不爱学习，初中毕业就辍学了，之后学过漆匠。有一次，他还带着我去看他的作品，就是给他们村一个婚房漆结婚用的衣柜。油漆有着很刺激的味道，我待了几分钟受不了就跑开了。

后来他还学了一段时间的木匠，接着又跑到西安跟着装修队改水电。我姨说我表哥不读书，没出息，所以只能做这些力气活。

但是就在前年，我表哥当了老板，有了自己的装修队，包工程赚了很多钱。

表哥说，他从初中辍学的时候，就想着当老板。而他当学徒的时候，就盘算着自己如何能当上老板带着自己的员工包工程。

连野心都没有，还怎么掌握命运？

农村的人都是以种地为生，而我们村出了一个例外。

那个人说，他不想当农村人，就想当城里人。

村里的人都笑话他，说他癞蛤蟆想吃天鹅肉，城里人哪是那么好当的。再说了，他家祖祖辈辈都是农民，也没见他家坟头冒青烟。

可是那个人，攒点钱就往县城跑，后来还坐着火车跑到深圳去了。他去了一个多月，花了好多钱，被父亲说成是败家子。

当然，这些都是我听村里人说的。等我记事的时候，那个人已经住在县城了，干起了服装批发的生意，赚了不少钱。最后他搞到城市户口，成了名副其实的城里人。

野心，是一个人不轻易妥协的最好证明，也是一个人成功逆袭的最大利器。

正如我们村里的那个人，虽然年轻的时候经常被他父亲骂不争气、败家子，但是凭借野心早先一步走出了村子，过上了让村里人羡慕的生活。

野心配不上才华，其本质是目光短浅和视野狭隘。

我是在农村上的小学，当时学校条件很差，一下雨教室就漏水，如果不幸坐在漏水的地方，后果可想而知。

上三年级的时候，语文老师经常给我们讲她的“悲惨命运”。据语文老师说，当年她的成绩特别好，考大学绝对没问题。可是上高二那一年，由于村里小学教师短缺，县里给分配了名额，并且有正式编制。她一听，不用考大学就能有工作，还有正式编制，就动心了，于是放弃了读高中，在村里当起了小学教师。

而她们班里一个学习成绩不如她的女生，先是考上了专科，后来专升本，再后来读了研究生，现在是重点大学的教授。

用我们语文老师的话来说，就是她当时被蒙蔽了心，觉得当个小学教师就很满足了，根本没想着自己还可以有更好的前途。

把一手好牌打烂，说的就是野心不足的人。

人活着就要有所期待，而期待指的就是野心。

有野心的人，这一生注定会激荡饱满，而缺少野心的人，可能连平凡都达不到，直接沦为平庸。

所以，一定要让你的野心超过你的才华，然后努力去弥补差距，如此才能减少遗憾。

要知道，你的野心才是让你变得优秀的原动力。

04

你敢不敢以自己喜欢的方式过一生

“我不喜欢现在的工作。”

“那你辞职吧。”

“呃，但是辞职后，我又担心应聘不上自己喜欢的公司。”

“那你就乖乖地在这个公司待着吧。”

“可是，现在的工作干着没有激情，工资也不高，公司的氛围我也不喜欢。我一想到要干一辈子自己不喜欢的工作，就特别不开心。”

“那你还是快点辞职吧。”

“可是……我还是不敢辞职，现在的公司最起码能保障我的基本生活，万一找到的新工作还没有现在的工资高，怎么办呢？”

“那你可以骑驴找马呀，到时候再辞职。”

“可是我已经毕业六七年了，都 30 多岁了，和刚毕业的大学生去竞争，有点尴尬啊！而且还要准备笔试和面试，太麻烦了，我都有好多年没翻过书了。”

“那你就好好待着吧，别想着辞职了。”

“可是我干得不开心啊，看着别人能做自己喜欢的工作，我真的好羡慕啊！”

……

很多人都掉入这种恶性循环中，既不喜欢自己现在的工作，又没有勇气辞职，于是每天都纠结着要不要换一个工作，但就是不付诸实际行动。

时间就这么一天天带走了他的黄金年龄，当他发现自己已经没有了换工作的优势时，就只能在那个公司一直干下去，直到退休也没有做上自己喜欢的工作。

人生中有一种悲苦，就是自己明明不喜欢做的事，却偏偏坚持了一辈子。

我有个朋友，以前是公务员，她的主要工作就是给领导写发言稿和各种汇报材料。

她从 22 岁大学毕业开始，一直干了 5 年。

有一天，她看到自己以前写的文章，大哭了一场。因为她发现，这 5 年来她根本对不住自己一直喜欢的文字。

想当初她文笔灵动，文采斐然，被老师称赞为可以在文学方面有一番作为的人。可是现在她的文字全是套话和官话，索然无味。

她正是因为喜欢文字，才进入机关写材料。可是现在，她发现写这些文字根本不是她的梦想，甚至让她感觉自己离梦想越来越远。

经过半年的思考，她终于下定决心放弃了稳定的公务员工作，进入一家新媒体企业。她重新写起了有生命力的文章。

她说，原来做自己喜欢的工作，会让人精神丰盈、神采奕奕。

一个考研成功的读者和我聊天。

他说，当年高考他想选历史专业，可是家里人一致反对，认为历史专业没有前途，也没有钱途，而是让他学经济学专业。

尽管他一再坚持，可还是耐不住家里人的软磨硬泡，于是不得不在志愿表上填上了经济学专业。

他对经济学没有一点兴趣，所以从大一开始就一直很别扭。

为了能转到自己喜欢的专业，他自学历史专业的知识。为了能让家里人相信，即便是学历史这个冷门专业，他将来也一定会有出息，他决定考 985 高校的研究生。

他就读的学校只是一个普通二本，因此他要考北京师范大学，并且是跨专业，难度可想而知。

他说，从大一下半学期开始，他就在为考研做准备。

同学们晚上基本都在宿舍打游戏，只有他一个人泡在图书馆里，硬啃历史专业书。临近考研时，他的专业课读书笔记写了厚厚的七八本。

他不但把考研大纲上的参考书目全部看完了，而且还看了一些扩展书目。

由于一心想着考研，他和同学们的关系并不怎么密切。同学们都说他有点神经兮兮的，可是他毫不在乎。

考研成绩出来后，他顺利通过了初试，却在面试时被刷了下来。

努力付出却没有收获，这是所有努力过的人都可能要面对的现实。但是最后能获得成功的人，都会在这种情况下选择继续努力。

其实以他当年的分数，是完全可以调剂到普通高校历史系的，但是北师大是他喜欢的大学，而且里面有一个他十分崇拜的教授。所以他告诉自己，一定不能放弃，也一定不能辜负自己的梦想。

于是他重整旗鼓，开始了二次战斗——准备报考同一所学校，同一个导师。

大四下半学期，同学们都找到了工作，一个个已无心学习，整个宿舍处于沸腾状态。大家每天的生活就是聚会、喝酒、唱歌、旅行。

而他仍旧是一个人，孤零零地背着书包、拿着水杯，泡在图书馆。

家里人看他无心找工作，就托熟人帮他找了一个公司的财务工作。但他并没有去报到，而是前往北京，在北师大附近与人合租了一个房间，有时候白天去北师大的自习室复习，有时候去听历史系本科和研究生的课。

功夫不负有心人。第二年，他以笔试第一、面试第一的成绩被北师大录取了。

有时候因为各种原因，我们可能会选择一条自己并不喜欢的路。

走在自己不喜欢的路上，有的人苦闷、拧巴，但是有的人仍然努力拼搏，为的就是在下一个岔路口能有足够的底气选择自己喜欢的路。

这个读者用了两年的时间辛苦备考，没有像同学们一样打游戏，也没有和同学朋友吃喝玩乐，但是他拿到了喜欢的大学、喜欢的专业的研究生录取通知书，这一切付出都是值得的。

人生中最有价值的付出，就是为能够过上自己喜欢的生活而努力奋斗。

我思考过一个问题，而且是一个相当严肃的问题。

当我白发苍苍的时候，回首这一生，我是不是以我喜欢的方式度过的呢?

之所以会思考这个问题，是因为我见过一些上了年纪的人，他们明明不喜欢自己的生活状态，却偏偏坚持了一生。和不爱的人结婚，和不喜欢的人打交道，干着不喜欢的工作，住着不喜欢的房子，做着背离梦想的事情，走在离自己灵魂越来越远的路上……终于有一天他们才发现，自己已经变成了连自己都讨厌的样子，而且再也回不去了，因为生命已经走向终点。

还有一部分年轻人，他们明明不喜欢自己的生活状态，却不愿付诸行动，以致要把这种一眼看到头的日子过一生。

人活在这个世界上，要选择自己喜欢的工作、喜欢的伴侣、喜欢的朋友、喜欢的环境、喜欢的城市，以最好的心态和世界对话，体验生命赋予的美好。

我们每个人都有很多喜欢的事情，虽然并不能全部实现，但是为了不负此生，我们一定要认真选择、努力追求。

有些东西得不到，但可以妥协。譬如没有 300 平方米的大房子，但是可以把小房子布置得温馨一点，一个家的温度不在于房子的大小，而在于你对这个家是否投入了感情。

但是有些事情绝不能妥协，比如我们一定要以自己喜欢的方式生活、一定要选择和自己爱的人过一生、一定要选择自己喜欢的事业奋斗一生、一定要和自己欣赏的人交朋友。

所谓喜欢的生活方式，就是有底气拒绝不喜欢的人和事，有实力追求自己喜欢的东西，有能力赢得自己想要的尊重。

我觉得以自己喜欢的方式过一生也是一种成功。

05

三流学校的学生，也能过一流的人生

写这篇文章的目的，就是想分享一下我个人的一些经历和认识，希望能对那些和我一样毕业于普通大学的学弟学妹们有一点帮助，仅此而已。

我的本科生涯是在北方的一所十分普通的大学度过的，但我坚信一点，就是一所普通的大学，也可以培养出优秀的人才。我深爱我的母校，也并没有觉得它不好。

现在下班之后，我会在网上写写文章，分享自己的一些经历和认识，有读者留言说我的文章能给他们带来力量和帮助，这让我觉得写文章是有意义的事情。从这个角度而言，我觉得自己并不比那些名校的学生差，活的是一流的人生，也是成功的。

我大学时学的是典型的工科专业，也是我们学校就业率最高的一个专业，可以说只要能毕业，就能找到工作，所以完全没有就业压力。直到大三上学期，我去图书馆上自习的时候，才发现周围有人拿着考研的书在复习。过了没多久，同专业的同学也有人准备考研了。

那个时候，我正处在迷茫阶段，每天浑浑噩噩的，虽然也曾想着认真听课，学好专业课，但还是没能坚持下去。因为我知道，大学的考试，只要在考试前一周找一些学霸复印一下他们的笔记进行突击，一般都不会挂科。

即使这样，我心里也一直有个上名校的梦想。看着周围有人已经在买关于考研的各种资料，我也决定努力一把。

以前上课的时候，我总是坐在最后一排，啃着面包，喝着酸奶，或者趴在桌子上睡觉。但是大三的时候，几乎每门专业课我都会坐到第一排，也开启了和学霸抢座位的模式。因为在这之前，我不知道前几排的座位竞争竟然这么激烈，决定努力之后，基本上每节课我都能抢到第一排的座位。而且为了让自己有足够大的学习动力，我还申请了当时班上的学习委员，不为别的，只为激励自己。因为作为学习委员，不努力听课的话，实在有些说不过去。

从大三的下学期开始，我就找了几个志同道合的同学，组成了一个考研小分队。我的英语基础特别薄弱，高考英语只考了 90 多分（满分 150 分），大二的时候考英语四级擦线飘过，从此英语就被打入了冷宫。知道自己英语基础薄弱，而且好多同学考研都卡在了英语上，所以我大三下学期就开始苦背单词。

背单词是件很枯燥的事情，中间也有很多次想要放弃。但是，所幸最后还是坚持了下来。往年每年暑假我都是要回家的，但是大三暑假和许多考研的同学一样选择了留校复习。暑假期间报了英语和政治辅导班。

同时，我们几个人还报了学校自己办的数学班。政治和英语辅导班都是在能容纳很多人的大教室上课的，需要坐一个多小时的公交车。我们每天都是顶着大太阳出门，要走一段路程才能到公交车站，上课的地方是在一个工厂里面，环境挺差的，但是每次教室里都坐得都满满的。

有些课是下午上，而且要连续上 4 个小时，从上课的地方坐公交回到学校，差不多都要晚上 8 点钟了，已经能够看到天上的星星。

每天从辅导班回来，浑身都跟散了架似的，4 个小时的强力输入，根本来不及消化，只能埋头做笔记。大多数时候，我都感觉自己跟不上老师的思路，老师讲得飞快，有些单词我根本就不知道什么意思，当我还想翻词典查单词的时候，老师已经将题讲完了。有太多次想要放弃，不明白自己为什么在这么热的天，顶着这么大的太阳，坐一个多小时的公交车，和数百人挤在闷热的大教室上课，而且还跟不上节奏。

放弃……不能放弃……

就这样，我内心的纠结和挣扎一直持续并贯穿了整个考研过程。我承认我不是最坚定的考研者，但是所幸每次想要放弃的时候我只消沉一阵子，很快就恢复过来了，就又重新投入到了复习中。而我之所以能坚持下来，主要有两个原因：第一个是身边一直有一个陪我考研的研友，她一直没有放弃，而且异常坚定；第二个是我有一个名校情结，虽然这个情结早在高考后就被自己扼杀，可是它并没有死彻底，随着时间的推移，它又复活了，而且让我一直不得安宁。

慢慢地，我发现，身边上辅导班的人越来越少，图书馆考研自习室（有一个自习室，被考研的人坐满了，姑且称之为考研自习室）的人也越来越少，大家可能回去过暑假了，也可能放弃了，我不得而知。

暑假两个月，我一直穿梭在这个城市，往返于学校和辅导班之间，忙碌又辛苦。但是在这段时间里，我也产生了一种叫作充实和奋斗的感觉，而且引以为豪。

自习室的灯十点半就会关，我回到宿舍很快地洗漱完毕后，就爬上床继续看书，尽管宿舍里面充满了打扑克、打游戏、听歌、聊天的声音。

就在我也觉得自己有些另类的时候，却发现了让我坚持下去的第三个理由，和我一起备考的几个同班同学都放弃了，这无疑增强了我的信心。因为大家最初的梦想都是朝着专业排名全国第一的大学奋斗的，而他们的放弃给了我更大的动力。

接下来的日子，每天晚上熄灯后，我都会打开自己充好电的小台灯再看一会儿书，那个时候，我的床铺有一溜都被书占据了。

慢慢地，自习室的人越来越少，辅导班的人也越来越少，最后和我一起上辅导班的，只有那个最坚定的研友，她依然充满了力量。

我庆幸自己遇到了一个如此有毅力的研友。

当时心里波动最大的一次，是学校双选会上，我顺利地签了一个国企单位。填好了三方协议，就只剩下了狂欢了。

我签的这家单位承诺，考上研究生后可以带着录取通知书违约，且不用交违约金。

双选会一结束，自习室的人又少了一些，最后辅导班冲刺的时候，人似乎更少了。

而这个时候，我也到了最难熬的阶段。因为我发现，自己不管多努力也许都不会取得一个好成绩，高数的大题似乎都不会，英语单词也没记住多少，政治还没背过……

那个时候，整个世界都像沉入了黑暗。虽然我表面上保持着足够的镇定，但我的内心是焦躁不安的。每天都按时上自习，等到自习室熄灯后才回到宿舍。

最后的一个月，我都不知道自己是怎么度过的，每天早晨5点半起床，6点去自习室，晚上12点多睡觉，一直到考试。

4场考试，每考完一场，考场上的人就会少几个。当最后一场考试结束时，我如释重负。那个时候，我已经不计较成绩了，也不太在意自己的努力能不能换来成功，而心里只有一个信念：如果这一次没有考上，我会选择来年继续！

中途有太多的诱惑，我都没有放弃。冬天寒冷的雪花铺满校园的时候，我仍旧早早地起床，去学校图书馆门前背单词。那个时候图书馆的门还没有开，而图书馆开门的大爷和我成了忘年交。他跟我说，以后我来图书馆只要喊一声，他就会起床给我开门。

开门的大爷和我非亲非故，我想他能在冬天离开温暖的被窝，早晨6点专门给我开门，一定是被我感动了。他说他的孩子在读博，他知道其中的辛苦，也喜欢努力的孩子。

后来我考上了研究生，还专门回家带了土特产，送给为我开门的大爷聊表心意。

我用一年的时间，从一所三流学校跨校到了本专业排名全国第一的大学。读研期间，我还做出了一些科研成果，比起本校的学生并没差多少。

我之所以写自己的大学生活和考研过程，并不是鼓励大家都去考研，而是想说明一个道理：只有三流的学生，没有三流的学校，只有失败者才会把自己的无能归结为学校不行。

失败者永远在找借口，成功者永远在努力。

想成为几流的人，就去做几流的事，就这么简单。

一所好的大学，周围的环境氛围可能会好一点儿；一所普通的大学，周围的环境氛围可能会差一点儿。但是只要你有一颗努力向上的心，这都不是事儿。如果你没有理想，再好的条件也是白搭。

学校周围的环境氛围好不好不是问题，问题是你想不想遇见更好的自己。

再补充一句：三流学校的学生，也能过一流的人生！

06

你说的是快感，我要的是幸福感

快感和幸福感的区别在于：快感只是神经短暂的欢愉，之后又会让人坠入空虚；而幸福感则是沉入心里的浅吟低唱，会让我们内心明媚，热爱生活。

朋友 Y 说，日子过得有些无聊和寡淡，世界那么大，他想去看看。他来了一场说走就走的旅行，可算得上一个行动派。

几天后，他风尘仆仆地回来了，说是去三亚溜达了一圈，吃了很多美食，看了美丽的风景。只是刚过了一天，他就开始抱怨，因为出去玩了一周，积攒了很多工作，加班不说，还被老板当众训了一顿。

Y 说，他的生活又坠入了旅行前的状态：乏味、单调、无聊。他说，要是能天天旅行就好了，旅行真的能让人感到幸福。

然而，旅行的意义，并不仅仅是吃了美食，舌尖体会到的爽快，也不仅仅是看了美景，双眼捕捉到的美好。这些都只是短暂的快感，一旦旅行结束，又会坠入空虚和孤独，而且身心俱疲，只能寄希望于下一次旅行，通过这些短暂的刺激来拯救幸福感的匮乏和心灵的孤苦无依。

真正的旅行，应该能够增长知识，丰富自己的内心，认识大自然的万般美好，感受旅途中美好的人、事、风景、情怀。这才是旅行真正的意义，也才是旅行馈赠的幸福。

我见过太多的人，都寄希望于用旅行来驱除生活的单调和乏味。诚然，旅行能给生活添加一些色彩，能让我们的生活得到一些改变，但是如果把旅行当成驱除生活空虚乏味的特效药，就会陷入一种无止境的死循环中，从而只能选择频繁旅行，并把旅行中获得的短暂欢愉和快感当成生活的幸福感。

对于没有情调的人而言，出行再多也遇不到诗和远方，最多只相当于干了一趟邮差的活儿。

所以，我对那些频繁旅行的人，并非全部欣赏和支持。因为有些人把旅行的日子当成了生活来过，而把真正平凡的日子当成了地狱来过。所谓的旅行，实则是逃避无趣的生活。然而真正无趣的，不是生活而是自己。

我对聚餐喝酒是有些拒绝的，尤其是那些场面浩大的群体性聚会。

很多人把聚餐喝酒当成一种寻找幸福感的方式，所以就会不断地捕猎同道中人。在捕猎的过程中，美其名曰交心谈感情，实际上只是猎人和猎物的关系。一旦捕猎成功，就会聚成团伙，在酒精、吹牛之中体验所谓的幸福感和存在感。

真正有意义的聚餐，人不需太多，三四知己便好，喝酒小酌即可，不逼不敬，以茶代酒也无妨。在大脑清醒的状态下，品尝一下美食，谈谈近期的生活、彼此对生活的态度以及对未来的畅想。

而那些酩酊大醉后的所谓交心，实际上只是一场众人参演的闹剧，都在等着看谁是那个最出彩的丑角：有脸红脖子粗的，有粗鄙言语不止的，有呕吐污秽之物的。在这样的状况下言谈幸福感，恐怕只是酒喝多了呕吐的时候，一瞬间喷涌而出的畅快淋漓的快感吧！

所以，对于聚餐，我是能推就推，不能推也使劲推。这样虽然显得人情凉薄，不过好在自己舒心。人活着，不就求个自己乐呵吗？

年轻的时候，我也曾豪饮过，也曾听人言喝酒是为了人脉，是为了以后更好地发展。然而体检的时候才发现，我已经把自己喝成了脂肪肝，而且胃也不好了。而当年和我喝酒的那些人，我已经记不清了，想必，他们也早已忘了我这个毛头小子，又或者根本就未曾记住过我。毕竟不对等的地位，酒喝再多也没用。

聚餐喝酒只是酒精麻痹下的神经兴奋，或许能有短暂的快感，但是酒精过后，留给自己的只有空虚、疲惫和残破的身体。而这一切不堪的后果，则留给了最亲最爱的人：他们要换洗你呕吐的污秽之物，照顾你因酒而病的身体。甚至这一切都和幸福感无关，也注定和幸福无缘。

为什么如今有这么多人体验不到生活的美好，而是认为只有拥有很多钱，生活才能幸福？我想最主要的一个原因，就是弄混了快感和幸福感。

快感，确实需要金钱，而且成本不低。

就拿朋友 Y 的旅行来说吧，他这次出行一共花了 8000 多块钱，然而只是在旅行的 5 天中体验到了快感，上班后第一天就不幸福了。这样就很容易计算出朋友 Y 的快感成本：快感成本 =8000 元 /120 小时≈ 67 元 / 小时。

经过简单计算，如果整整一年 12 个月都想体验到这种快感，就需要 57 万元。朋友 Y 是工薪阶层，一年收入也就七八万，这还没扣除吃喝穿戴的花销。有些人把喝酒、购物、买奢侈品、豪华游当成了幸福感的源泉，那计算下来成本得有多高。

如果幸福真的需要通过如此奢侈才能得到，那么就说明只有特别有钱的人才配得上幸福。而我们这些没钱的普通人，则只能偶尔通过这些刺激性的消费来获取短暂的幸福，然后一生中大多数时间都要不幸福地活着，是这样吗？

显然，这样想的人根本没有理解幸福感的含义，而是错把一种刺激性的短暂的快感当成了幸福感。

智慧不够，就会把生活过得麻木而且苍白，于是往往需要依靠刺激性的外在力量，让麻木的身心兴奋起来。其实那些刺激性的体验，只是让你的生活多了一些变化，距离幸福还差得很远。

如果一个人没有感受幸福的智慧和能力，那他也感受不到世间的美好，只能算是一个匆匆过客。

我们需要智慧，需要多读书、多思考，更需要多和优秀的人相处。这样我们才能培养发现幸福的能力，而不是粗浅、错误和愚昧地把快感当成幸福感。

我想，幸福大概就是这个样子。

幸福，在柴米油盐中，也在晚霞细雨中。

幸福，就是你投入时间和精力，做着自己喜欢做的事情。

幸福，就是你站在阳台上，看着闺女背着书包回头向你挥手。

幸福，就是许久没有回家的你，吃了一碗妈妈做的面条。

幸福，就是心爱的人，和你风雨相伴。

幸福，根本无须花费心思寻找，天上的白云、地上的野花、清新的空气、明媚的阳光、爱人的脸庞、孩子的笑容……都是幸福。

幸福感，其实就是将内心丰富的感受，浅吟低唱地融入我们对待世界的认识中。

你若不够智慧，错把快感当幸福感，付出的成本会让你不堪重负，你的生活也注定会暗无天日、悲苦不堪。你若智慧有余，就会发现，幸福无须成本，就在我们平凡的生活中，随时可见，随时可感。

因此，我们要追求细水长流的幸福感，要拒绝短暂刺激的快感。

07

没有天赋，你也照样可以拥有才华

我一直想做个有才华的人，一来是为了满足很俗却又挥之不去的虚荣心，二来是为了寄情于一件事情上，能抵御长期的孤独，以慰有生。

我主动接近飞哥，就如同蛾子的趋光性，正是被他的才华所吸引，最终我们成了好友。飞哥，写得一手好字。曾经我也摆弄过，买来笔墨纸砚写了两周后，发现自己的字没有什么长进，仍旧巨丑无比，于是就放弃了。所以我对会写毛笔字的人，一直很崇拜。

我之所以想结识飞哥，是因为偶然去他宿舍看见了墙上他写的一幅字：有才华的人，本身就会发光，在什么地方都会很耀眼，并不需要刻意张扬。

我羡慕飞哥字写得好，并说他有天赋。飞哥却不承认，还说自己三年前字写得也很丑，后来经过练习才发现写毛笔字其实没有想象的那么难。每天练习一个小时，3个月后就能初见成效；若是练上一两年，就会被身边的人赞美为有才华的人。

正如飞哥所说：不去努力的人，才会叫嚣天赋很重要；而肯努力的人，会发现即使没有天赋也照样可以获得才华。

我的一个初中同学结婚，主持婚礼的司仪是他的大学舍友。

我参加过不少婚礼，也认为聘请来的专业司仪主持的套路和台词都大同小异。而那个舍友的主持风格别具一格，语言机智幽默，让人耳目一新，也把亲朋好友都逗得哈哈大笑。

典礼结束后，有幸能和司仪同桌吃饭，我们几个人就对他的主持天赋表示赞叹。他这个大学舍友说："以前，我面对很多人的时候，说话总是磕巴，为了改掉这个毛病，我就长期练习演讲、参加辩论赛。有一次同学结婚，我就主动请缨，说可以免费当司仪，最终效果很好。自主持完那场婚礼之后，我在朋友圈就有点名气了，但凡同学朋友结婚，只要我有时间，他们都会邀请我当司仪。"

有点才华其实并不难，花一些功夫，付出一些努力，就可以实现。正如前文所言，我同学的这个大学舍友所展现的才华，曾经还是他的短板，似乎他在语言上根本没有天赋。但是如今这个短板却成了他的才华，凭借的就是用心和努力。

正如雷诺兹所言：假如你有天赋，勤奋会使它变得更有价值；假如你没有天赋，勤奋可以弥补它的不足。

很多人都把天赋当成才华的必要条件，认为必须具备天赋才能修炼才华。还有一些人把天赋当成了才华的充要条件，认为只要拥有天赋就会自然而然具备才华。其实，才华是天赋最终的展现形式。如果没有后天努力，天赋就不能成长为可以展示的才华，而只是蜷缩在体内的初级天赋，最终也只会悄无声息或者昙花一现。

“仲永之通悟，受之天也。其受之天也，贤于材人远矣。卒之为众人，则其受于人者不至也。”这是王安石在《伤仲永》中写的话，大意就是方仲永的通达聪慧，是先天就有的。他的天赋，比一般有才能的人要优秀得多。但最终之所以会沦为一个平凡的人，是因为他后天所受的教育还没有达到所愿。彭端淑在《白鹤堂文集》中也曾言：“聪与敏，可恃而不可恃也。”这说的也是相近的意思，即告诫人们不要过分倚仗自己的天赋，要明白勤奋也很重要。

当一个人努力达到一定程度想更进一步的时候，天赋的重要性可能就体现出来了。但是对于大多数人而言，我们所需要的才华只是笑纳愉悦自己、体味美好生活的一种手段，远未达到要比拼天赋的程度。

我举个并不算太恰当的例子。之所以会举这个例子，是因为这个例子发生在我自己身上，感受深刻些。

我学习葫芦丝，仅仅练习了不到一个月就学会了认识简谱，而且会吹一些简单的歌谣。然而就是这点技能，被周围人知道后，都纷纷赞美我是个有才华的人，在音乐方面有天赋。其实他们是没有听过我唱歌，我唱歌时调子能跑出地球。当然，我在 KTV 一般是不会开口的。

我真的没想到，学习葫芦丝竟然弥补了我在音乐上的短板，还赢得了一个“有点音乐才华”的名头。虽不是实至名归，但是也够我高兴好久了。回家我便拿着葫芦丝在外甥女面前吹了一曲，从她那瞪大的眼睛中可以看出来她对我这个舅舅的崇拜。我就是用这点才华，成功让外甥女视我为偶像的。

有人说，才华就像怀孕，时间久了才能看出来。其实，根本不需要太长的时间，1 万小时理论说明只要付出 1 万小时就能成为一个领域的专家。当然，我也可能并不想成为专家，就好比我没有想过要成为一个葫芦丝演奏家一样，只是想愉悦自己而已。

没人愿意做一个平庸的人，所以我们得有点才华。

花点时间，学一学烘焙，做点爱心小蛋糕和小饼干，让自己的孩子感受到妈妈的爱，也给生活增添一些乐趣；学一学插花，将自己的家装扮得漂漂亮亮，让它变得更温暖；学一学茶艺，泡一壶工夫茶，与家人一起品茗聊天，过过惬意的生活；学一学摄影，拍出美美的照片，留住难忘的瞬间，待老了以后可以翻看着回忆过往。

这些才华其实用不了多长时间就会获得，甚至成为傍身和被周围人称赞的东西。

为什么我们总是羡慕他人的才华，而不让自己成为一个有才华的人呢？其实更多时候，只要你去做就会发现，天赋只是锦上添花，即使没有天赋，我们也会遇见一个有才华的自己。

第四章

自省，认清自己更认清世界

01

别太把情商当回事

在生活中，人们越来越频繁地提到“情商”这个词。“情商高”已经取代了诚信、聪明、忠厚等优良品质，成为对一个人的褒奖；“情商低”也已取代了狡猾、市侩、愚蠢等缺点，成为对一个人的低评价。也就是说，个人的评价标准被“情商”垄断了。

经常关注微信公众号的人都不难发现，凡是关于“提高情商”的文章都很走俏，也很容易成为爆款文章。如此多的人热衷于读“提高情商”的文章，可见他们对自己的“情商”并不自信，当然，这并不代表这部分读者的“情商”就比写关于“提高情商”文章的作者低。

我也曾疯狂地读过关于“提高情商”的文章，原因是我觉得自己情商不高，想让自己变得越来越好。然而最后我还是放弃了做一个“情商高”的人。因为我发现，无论我如何努力，都做不到做事让很多人舒服，也做不到会说好听的话。当我试图强迫自己，让自己看起来“情商高”的时候，我浑身就会感觉不舒服。

有个读者给我发私信，说他感觉自己情商低，让我给他推荐几本关于“提高情商”的书。这件事情足以说明，关于情商的言论和文章越多，就越容易给大家造成自我“情商余额”不足的假象，使大家陷入一种恐慌之中。因为大家都不想被贴上“情商低”的标签，“情商低”也似乎比“智商低”更让人避之不及、更让人心惊胆战，于是大家都努力地用尽各种办法让自己看起来“情商高”。

除了一些作者的推波助澜之外，关于情商的讨论在生活中也是司空见惯，那么问题就来了：为啥大家都这么热衷于谈论情商，而不热衷于谈论智商呢？为什么在生活中，大家在评价一个人的时候，喜欢用“情商”来作为标准，而不采用其他的评判标准呢？

渐渐地我发现，一个人无论在工作中多么能干、业务能力多么强，一旦被人贴上“情商低”的标签，那么再多的优点也会化为乌有。一个人无论多么帅气十足，多么肤白貌美，多么有钱有颜，也总会被人用“情商低”来将这一切优点轻而易举地抹杀掉。由此可见，“情商低”这个标签，是温柔的一刀，具有很强的杀伤力，能够毫不费力地将一个人的很多优点抹杀掉。

我不喜欢谈论情商，一来是因为我深知自己情商低，所以不想自揭伤疤；二来是因为我发现有一些被他人贴上“情商低”这个标签的人，情商反而很高，在交流的时候会让人感觉很舒服。根本就没有“情商低”的人，只是别人不想对你用情商而已。这句话不严谨，有些绝对，却说明了一个问题：情商具有个体差异性。

情商的个体差异性具体表现在两个方面：第一个方面是，对于不同的人，人们会采取不同的社交方式。就我而言，对于我喜欢的人、有趣的人、能给我提供帮助的人，我会透支自己所有的“情商余额”；对于我不喜欢的人，我就会半点耐心都没有。第二个方面是，不同人的感受不一样，有些人比较敏感，有些人比较粗犷。所以同一种行为落在不同人的心里，就会形成不同的主观感受，进而形成不同的情商评价。

用“情商”评价一个人，带有很强的个人感情色彩。我们经常听到一些人说某个人“情商低”，而很少听到一些人评价某个人“情商高”。因为评价一个人“情商高”的时候，就说明自己情商比较低；而评价一个人“情商低”的时候，自己就站在了“情商高”的位置上。

就统计学而言，必然存在严格意义上低情商的人，这种人被大多数人（甚至和他接触过的所有人）定义为“情商低”，那么这个人基本就可以被判定为“情商低”了。除了这种严格意义上的低情商外，我认为大多数人的“情商余额”都在及格线以上，足以应对日常的生活和交际。真正意义上的情商高手是不存在的，所以不要过分注重“情商”这件事情。

情商是一个被模糊化了的概念，尽管丹尼尔·戈尔曼曾经对情商下过定义，但是“情商”这个词在学术上的定义和在现实生活中被人们广泛接受的定义是不同的。现在普遍接受的关于高情商的定义是：让人舒服。那么问题就来了：别人为什么要让你舒服？为什么要说你喜欢听的话？你是否有资格享受别人的“高情商服务”？

我一直都觉得大家把“情商”太当回事了，甚至导致一些人认为自己的不成功是因为自己情商低。其实大多数时候，你之所以没有成功，不仅仅是因为缺少情商，可能还缺少诚信、善良等其他品质。所以不要用“情商低”来为自己的不成功辩护。据说牛顿就是一个情商特别低的人，他几乎没有朋友，而且脾气特别差。但是牛顿却能受到很多人的尊重，就是因为他的智商弥补了情商的不足，反之情商却难以弥补智商的不足。

既然提到了智商，那么我们就来说说智商和情商的区别。

为什么现在很少有人用“智商高”或者“智商低”来评价一个人，而是越来越多地用“情商高”和“情商低”来评价一个人。

从我的感觉而言（当然你也可以认为是以小人之心度君子之腹），人们之所以会用情商来评判一个人，是因为不够相信自己的智商，或者大多数人认为别人比自己智商高、比自己帅、比自己颜值高，而且比自己有钱。面对这种什么都比自己高一等的人，唯一能拿出的武器就是“情商”了，反正情商这个东西看不见摸不着，怎么说都有道理。你有颜、有钱、有智商怎么了，我就说你“情商低”，只要你“情商低”，我就能找到优越感。

我想说，情商真的不是一件重要的事情。一旦你有钱、有颜、有智商，那么情商低点（可能并不是真正意义上的低，只是面对那些你瞧不上的人懒于提供“高情商”服务）也不会影响到什么。如果你什么都没有，却天天八面玲珑，并严格要求自己做到让每一个和你接触的人都能享受“尊贵服务”，那么你会活得很累。落在别人的眼里也不是什么“高情商”，而只是一个善于察言观色的人精罢了。

我承认真的存在情商差距，但是自认为情商高的人，其实也只不过比那些情商低的人高那么一点点而已。我觉得，智商在一定程度上决定了情商的上限。当然，此话只是我的个人意见而已，并没有得到证实。

那些所谓的情商大师在生活中也并不是能得到每一个人的喜欢，同样有被人骂的时候。而很多牛人都非常容易被人贴上“情商低”的标签，但他们对此毫不关心。只有一些不怎么优秀的人才过分关注情商这件事，因为他们觉得提高“情商”比提高“智商”容易一点。而且更多时候，他们会认为自带“高情商”光环，因此可以用“情商低”这个标签去秒杀一切他们不喜欢的人。

我想说的是，其实情商真没什么好谈的，只要以自己舒服的方式活着，遵循一定的行为规范即可。和人交往的时候，自己舒服了，对方也就舒服了，自己拧巴和虚伪，对方也很难感受到你的“高情商”。不要再相信和迷恋什么提高情商的法宝了，因为你的情商并不低。

02

假性亲密关系
是关系的最优解

什么是假性亲密关系？

如果关系是假的，为什么又说它是最优的？

下面讲一个能同时回答这两个问题的故事。

以前写网络小说的时候，读者群里有个女性读者，说她十分不愿意回家。从小父母离异，她和母亲生活在一起，母亲经常打骂她。后来母亲改嫁，生了弟弟，全家人对她更是不待见了，就像对待透明人一样，对她的心灵造成了很严重的创伤。

她高中毕业，就出来打工了，对那个家没有多少感情，也不喜欢她的母亲。过年的时候，周围的人都回家了，她心里也渴望家的温暖，总觉得不回家看看不太对劲。可是小时候，母亲把她自己婚姻的不幸都发泄在她身上，经常打骂她，可以说母女两个人基本没有什么真正的交流。所以，每次回家她都感觉特别别扭、十分痛苦。

面对这种情况，是劝她“断舍离”，眼不见、心不烦，就当没有那个家、没有那个母亲，自己过好就行了，还是劝她不计前嫌，母亲再怎么不好，毕竟也生养了她，还是要原谅母亲，和母亲和解呢?

作为局外人，无论我们支持哪一个观点，都能说出一大堆的理由，并且说得铿锵有力。这是因为，事情没发生在自己身上。

经过权衡，她最后做出了选择，那就是过年的时候，她和其他人一样回家，给母亲买衣服、买保健品。而母亲见她回来，也表现得很热情。其实只有她心里明白，母女两个人只是表面应付着。

在外人看来，女儿过年回来看望母亲，还大包小包地拎了很多东西，绝对是一幅母慈女孝的画面。可是只有她心里清楚，她们母女只有行为上的亲近，并没有从内心深处交流过。而这种关系，就属于“假性亲密关系”。如果下个准确定义，则可以表述为：假性亲密关系指的是通过形式上的在一起，来回避真正的在一起。

这个读者和母亲的相处方式，其实也不失为一种好方法。

我们无法说服这个读者原谅她的母亲，因为母亲对她造成的伤害太大，如果硬要让她原谅母亲，就是一种道德绑架了。

毕竟离异家庭所带来的伤害，没有亲身经历过的人是很难感同身受的。

但是这个读者心中对于母亲还是感恩的，她也渴望有一个家，渴望有母亲陪伴。

她们母女二人目前建立起来的这种“假性亲密关系”，可以说是她们之间最好的相处方式。虽然这是一种妥协和折中，但在目前来看是最优的答案。当然，我也希望她们母女有一天能够真正和解，但是心灵创伤的愈合需要时间，急不来。

这个故事说明，维持这种“假性亲密关系”具有现实意义，在一定条件下似乎是一种最好的相处方式。这里之所以用“似乎”这个词，是为了显得理性和客观一些。因为在没有找到其他更好的相处方式之前，假性亲密关系是两人相处的唯一最优解。

暂时抛开这个真实的例子，我们从思维的角度来分析恋爱这回事。

恋人之间的假性亲密关系，究竟是身在迷局中不自知，还是自知而不说穿，抑或对于这种关系驾轻就熟因而三缄其口呢？作为外人，我们就不得而知了。

我说的是外人不得而知，也并不意味着当局者就清楚。

恋爱的时候可以感受一下，你是期望两人用行为上的多次互动来营造出一种很亲密的关系，还是更期望两人从灵魂上深入交流以达到真正意义上的亲密。这种自省的方法，对于判断和理解两个人的感情或许具有一定的意义。

当然，行为上的亲密关系是灵魂上深入交流的基础和前提。但是如果两个人的亲密关系一直体现在形式上（吃饭和睡觉等）的在一起而没有深层次的交流，那么两个人的感情就有待进一步发展了。

为了得到更普适性的结论，下面我们讨论一下日常行为。

我们就以大学室友和单位同事为例，因为同在一个屋檐下，整日低头不见抬头见，发生矛盾直接撕破脸肯定不太好。而聪明的人，这时候就会营造出一种假性亲密关系，以便让日常气氛看起来其乐融融。

假性亲密关系就是一群人在表演，大家同时又是观众，只要演员演得好，观众不揭穿，如此相处下去也会相安无事，因此不失为一种好的方式。

我并不是要批判这种假性亲密关系，反而会采取支持态度。毕竟一个人的精力是有限的，不可能和所有的人都建立“真性亲密关系”。此时，这种“假性亲密关系”就是一种最好的形式了。

其实讨论到这个程度，我觉得“假”和“真”已经没有多大意义了，只要相处舒服就是一种真实的亲密关系，不存在真假一说。“假性亲密关系”只是学术上的一种定义，在现实中没有多大意义。

通篇都在辨“真”“假”，结尾又说辨“真”“假”无意义，似乎我写了一堆废话。但是不是废话，你自有判断。

03

不去理会那些
没用的冷嘲热讽

收到读者来信，说他想学习英语，可是周围的同学对他冷嘲热讽。

所以他很郁闷，问我该怎么办。

这个问题其实具有很强的普遍性，我以前也遇到过。

想当初我写网络小说，也有人让我别折腾了，还说一个理工科的人折腾不出什么名堂来。

你有没有发现一个很奇特的现象：当你上网、逃课、不写作业的时候，没有一个人来说你；而当你去图书馆学习的时候，周围就会出现各种声音。

有时候我们会不解，周围这些对我们冷嘲热讽的人或者说是朋友，到底出于什么心理，怎么能这样对我们呢？

于是我们会产生一种想疏远他们的想法，但是又怕疏远后失去了朋友，从而陷入一种迷茫和焦虑，纠结不已。

真正比你优秀的人，根本没有时间理会你；那些泼你冷水的人，都是不如你的人。

你有没有发现，当你打算学英语的时候，那些拖你后腿、泼你冷水、给你各种负能量的人，基本上都是英语学渣。

而那些真正在学校考托福、考 GRE 的英语大神，根本没有时间来搭理你，更不会说学英语没用之类的丧气话。

因为这些大神级的人物，已经在学英语的道路上走了很远，并且尝到了一些甜头。他们在学习英语的路上，都是靠着自己的毅力和坚持才取得了好成绩，所以他们会理解你，即便是不鼓励你，也不会泼你冷水。

相反，那些天天说学英语没用的，一般都是学习成绩不如你的人。

泼你冷水的人已经和你不在同一个水平上了，你追求的梦想和世界，他们根本就不懂。

他们都认为英语并不重要。因为在他们的眼中，不学英语也能找到工作，干吗还要拼死拼活去学习那玩意儿。

他们不知道，在你的心里：

你想去外企，想和外国人交流自如；

你想考翻译证，空闲时间可以做一些翻译的工作；

你想学好英语，以后可以教自己的孩子，哪怕是出国旅行也便利……

总之，你有很多很多的梦想都和英语有关，而那些泼你冷水的人是想不到这些的，他们已经被你甩了十万八千里。

你的世界，他们不懂。

有些人，一发觉你有风吹草动，就会立马站出来对你开炮。

比如，你刚刚去操场跑了五圈回来，他们立马就会说："就你那 A3 腰，你以为跑上几圈就能变成 A4 腰？"

你刚刚看了一会儿书，他们就会跳出来说："就你那成绩，你以为你看一会儿书就能变成学霸？"

总之，不管你干什么，他们都会蹦出来，对你进行各种攻击。

其实，你完全不用搭理他们。他们就是闲得无聊，生活过得颓废无趣，只能把目光集中在你身上。所以你一努力，就为他们创造了谈资，他们就开始议论你、打击你。因为只有这样，他们才能找到存在感。

你做什么是你自己的事情，和他们没有半毛钱关系。

当你努力学习英语和锻炼身材的时候，如果被优秀的人撞见，他们可能会说一句："加油，我看好你！"

给你一点鼓励，让你感受到一些正能量。

但是，如果被那些闲得无聊的人看见，他们可能就会说："学英语有啥用，人丑锻炼也白扯。”

瞬间，就会让你负能量爆棚。

所以，千万别理会这种人，能离多远就离多远。因为他们不但自己不上进，还传播负能量。

嫉妒心是人性之弱点，也是人之常情。可以说除了父母，很少有人真心为你喝彩。

每个人都有嫉妒心，只不过有强有弱而已。当你试图变好的时候，并不是所有的人都希望你变好。

这一点应该很容易理解，因为嫉妒心是普遍存在的。

一旦努力了，你就会变得更优秀，而你的父母肯定会真心为你感到骄傲。

当然，你的几个真心的朋友也会祝福你。

除此之外，就很少会有人真心希望你变好。

尤其那些嫉妒心强又不肯努力追赶你的人，会使用各种手段让你放弃努力，因为这样他们才会开心。

04

掂清自己在别人心中的分量

先说一件事情，一件我做过的最打脸的事情。

曾经有一个很厉害的作者给我写的一篇文章留言，该作者是我心目中的 Superman（超级英雄）。我一直都想和他成为朋友，但是碍于自己初出茅庐，写作时间又短，所以一直都是默默仰望着他。当突然发现这位作者居然给我的文章留言时，瞬间我就激动得不能自已，于是立马给这个作者发去了一大段热情洋溢的文字，表达了自己的各种崇拜。然而，他并没有再回复我。

这位作者的态度让我瞬间尴尬不已，我感觉很受打击，小心肝碎得一塌糊涂。事后仔细思量了一下，他之所以给我的文章留言，可能仅仅是欣赏这篇文章而已，并没有上升到想和我成为朋友的程度。而我却不识趣，以为别人通过一篇文章就能看到我丰富的内涵和深邃的灵魂，吃了闭门羹自然是情理之中的事。在这件事情上，我犯的最大的错误就是没有掂清自己在大神作者心中的分量。

事实上，人际交往方面最高的技巧就是能准确衡量自己在对方心中的分量，然后做出与之相应的行为。

再举一个例子。一对情侣闹矛盾，女孩生气说分手，而男生马上说分手就分手。女孩瞬间呆住了，其实她本身并不想分手，只是想以此为要挟来争取一些自己想要的东西。没想到，男孩却让她“梦想成真”了。造成这个局面，即便是男孩在气头上口不择言，也至少能说明一点，那就是这个女孩在男孩心中的位置并没有她认为的那么重要。既然这个女孩本身不想分手，那她就不该说分手的话，最多耍耍性子、撅撅嘴巴，做出与自己在对方心中地位相符的举动，我想才是明智的。但是显然很多时候，恋爱中的两个人往往都会过分高估自己在对方心中的地位。

一个人之所以高估自己在对方心中的分量，最重要的原因就是容易把别人的附和当成是对自己的认可，把别人的套路当成是对自己的礼遇，把别人的客套当成是对自己的敬重。然后就造成了自我感觉良好，错误地认为自己在对方心中占据了重要位置的假象。

同样的话，放在不同交情的人那里，就会产生两种不同的结果。

再举一个例子。如果有人对你劝酒时说："你不喝这一杯酒，我们就不是兄弟。"你会做出什么样的反应？

如果是关系特别铁的哥们儿跟你说这句话，你可能会一饮而尽（当然大多数情况下，铁哥们儿是不会逼你喝酒的，除非你做了什么不得不喝的事情）。如果是一个和你没有多少交情的人跟你说这句话，你肯定在心中碎碎念：我和你认识才几天，我凭什么要喝你的酒，你值得我牺牲健康吗？

你在对方心中的位置，是和你能给对方提供的价值相对应的。当然这种价值必须是对方需要的，而不是你一厢情愿的。如果这种价值具有稀缺性甚至唯一性，那么你在对方心中的位置无疑会重要许多。

我认为，人际交往的核心是势均力敌的价值互换。当然也不要狭隘地把价值理解为金钱，价值互换是多元的，包括情感互换、信息互换和知识互换等。无法交往的两个人，本质上就无法产生对等的价值互换。

有时候，我们会陷入一种困境，不知道自己是否能和他人产生联系，比如和对方成为朋友、知己、合作伙伴等。其中的一个判断原则就是，自己是否能够满足对方的价值需要以及能满足到什么程度。

我看过一篇文章，说的是作者的一个初中同学某一天给作者打电话，说她来到了作者所在的城市，让作者开车去火车站接一下，再安排一下住宿，并且让作者陪她在这个城市玩上几天。

这个作者直接给了俩字：没空。

然后，这个初中同学就开始在同学圈说作者情商低，不顾老同学情分。

作者解释道，自己和这个初中同学已有十几年没联系过。而且曾经有一次，她想让这个同学帮忙办点事，这个同学却推三阻四。所以这一次，她坚决不去接待这个同学。

十几年没有联系过，且不说上初中时两个人是否真正有深厚的情谊，当时别人让你帮忙，你推三阻四，而你遇到事情的时候又去找别人，这不是自己打自己的脸嘛。这个作者能够忠于内心的选择，而不是担心自己名声受损，根本原因就是她足够智慧，而且有能力，所以才有足够的底气去拒绝。

人际交往的前提，就是看自己是否具备对方需求的价值。如果不具备，就不要试图讨好了，否则只能自讨没趣。如果具备对方需要的价值，就要准确地估计这种价值的分量，不要高估，也不要低估，最后据此做出合适的交际行为。

05

报喜不报忧也是对父母孝顺的一种方式

在公交车上，听到一个男孩给家里打电话。

“妈，我发烧了，浑身不舒服，嗓子也疼，我想请假回家。”

电话那端说的是什么我听不见，紧接着就听到这个十八九岁的大男孩不停地向母亲抱怨大学宿舍不好、食堂饭不好吃、生病了没有人照顾自己……

这一情景，让我想起了同学小斌。

小斌喜欢打篮球。一天下午，他打球的时候不小心摔倒了，导致脚踝骨裂。

在我们送他去医院的路上，他的手机响了，是他妈妈打来的。

“妈，我在学校挺好的，刚运动完，正准备和同学出去吃顿好的。”

挂了电话，我们都能看到他头上青筋暴起、脸色煞白。但是刚才和妈妈打电话的时候，他的声音很平静，听不出一点儿痛苦。

从进了医院打上石膏，到最后拆石膏，小斌的家人根本就不知道他受了伤。

后来我们问小斌："为什么不告诉家里自己受伤呢？"

小斌说："我妈太胆小了，她要是知道我崴了脚，还去医院打了石膏，她肯定要来学校看我。从我家到咱们学校得坐一晚上的火车，她身体本来就不好，这样的话太折腾了。"

之所以选择报喜不报忧，是因为我们不想让父母操心，这是我们认为的最好的孝道。

因此在外面遇到困难，我们要咬牙坚持，给家里带去"一切都好"的消息。

我的作者朋友小菲，是一个坚强的姑娘。

她初中没有毕业，在家里待了两年就去深圳打工了。她说最苦的就是刚到深圳的时候，被人骗了身上仅有的几百块钱，还被扣了身份证。

那个时候，她在深圳举目无亲，又没有手机联系家人，整个人惊慌失措。

最后遇到一个民警，才将自己的身份证拿了回来。但是她不想回家，因为她来深圳的目的就是打工赚钱。她有个学习成绩很好的弟弟，她要供他上大学。

后来，小菲就在深圳找了一家工厂做起了计件工。所谓计件工，就是做得越多，工资越高。

小菲说，初到深圳的几年是她最辛苦的时候，没有多余的钱，没有亲人，没有朋友，一个人漂泊在那里，就连生病也要一个人坐车、排队、挂号、输液……

在工厂受到委屈的时候，她想号啕大哭，却又怕哭声惊动了工友，于是她就把头蒙在被子里呜呜地哭。有时候她在睡梦中也哭，醒来才发现枕头湿了一片。

早晨闹钟响起，她又从床上爬起来，收拾好自己，重新带着笑容走进工厂，开始拼命地工作。

小菲说，在亲戚朋友的眼中，自己是一个很坚强的姑娘。其实她心里清楚，所谓的坚强、懂事、不给家里添麻烦，不过是因为从小就知道没有人替她负重前行，一切都得靠她自己。

朋友小顾说，他当年找工作的时候，简历直接被一家公司扔在了地上。而当父母问他工作找得如何的时候，他还笑着说自己拿了好几个 offer（录取通知）来安慰父母。

小顾说，他的父母没有广阔的人脉关系，也没有雄厚的经济基础。在我们前进的道路上，他们没有办法帮我们的人生做出规划和指导，而唯一能做的就是叮嘱我们在外面要做个善良的人。

在父母朴素的意识中，只有做个善良的人才能得来善报。

小顾上的不是名牌学校，读的也不是热门专业，因此找工作的时候遇到了很多困难。但是他一直咬牙坚持，每当父母问起，他都说有好几家公司准备录取自己，他还在比较和挑选。

小顾说，他找工作的时候很绝望、很痛苦，一想到家里花了钱供自己上大学，自己却找不到工作，就感到压力特别大，但是还得假装坚强。

其实，世界上哪有那么多刀枪不入的灵魂，不过是一边流泪一边还不忘奔跑罢了。

受伤后，不告诉父母、朋友，而是独自默默地舔舐伤口，同时还装作一切都好的样子，让所有关心我们的人一点也察觉不到我们已疼得在流眼泪。

那些在外面承受了痛苦、绝望和委屈，却把希望、阳光和笑声传递给家里的孩子，都是最应该被温柔以待的人。

那些在外漂泊的孩子，默默承受了很多委屈和压力，但是因为爱自己的父母，所以总是报喜不报忧。

拥有懂得报喜不报忧的孩子，是父母的福气。

06

“做事”之前，要先“懂事”

感觉自己越来越像一个木偶，被许多线头牵引着，而这些线头就是各种事情。这些事情有消耗心神的大事，如工作上的难题；还有鸡毛蒜皮的小事，如取个快递、发个邮件等。

生活，就是由这些大事和小事组成的。这些事情填充了时间，但是也常常让我们迷失。我们不禁会问自己：为什么要这么累？为什么要做这么多事情？难道这一辈子就该奔波辛苦吗？

人刚出生的时候，除了吃就是睡。上了小学，多了上课、写作业和跟小伙伴玩耍。上了大学事情就变得更多了，要处理同学关系，参加各种社团，找实习单位……

毕业后进了工作单位，事情就更复杂了，要赚钱养家，要照顾年迈的父母、年幼的孩子，要关注工作上的事情和人情往来……

面对如此多的事情，我们要先“懂事”，再“做事”。

首先，我们要区分喜欢做的事情和必须做的事情。

人活在这个世界上，有两件事情要做：一件是自己喜欢做的事情，比如吃美食、睡觉和娱乐；另一件则是自己必须做的事情，比如工作和照顾父母、子女。大多数时候，我们喜欢做的事情和必须做的事情是不同的。

喜欢做的事情，是我们身处这个社会欢愉自己的依傍；必须做的事情，是我们身处这个社会应当肩负的责任。这两件事情构成了我们丰富的人生，也占据了我们人生的大部分时间。

嗷嗷待哺的孩子，半夜吵闹得让我们睡不好觉；生病的父母，让我们在家和医院之间辛劳奔波，心力交瘁；无理的甲方，让我们不得不费尽力气讨好……这些事情都不是我们喜欢做的，却是我们必须要去妥善处理的。必须做的事情是我们在这个社会上立足的根本，即使不喜欢也要去做。

不要奢望人生中所有的事情都是自己喜欢做的，这是不现实的，毕竟还有一些责任和义务是我们必须要去勇敢面对的。

从现在起，丢弃那些无效且无意义的事情，留出足够的时间和精力将必须做的事情做好。

一旦我们发现自己一整天的时间都被各种事情占据了，以致没有时间给父母打个电话、没有时间陪孩子去游乐园、没有时间参加家长会，甚至没有时间陪爱人吃饭，这个时候就要停下来认真思考我们都做了哪些无效且无意义的事情。

一些人看起来很忙，忙得没有时间静下来好好看一本书、没有时间陪孩子画画、没有时间陪父母说说话。其实有时候并不是真的很忙，而是因为把太多的时间浪费在了无意义的事情上，比如上网打游戏、看肥皂剧、和朋友喝酒……这些事情都不是我们必须做的，不去做也不会影响我们的生活。

所以我们要精简社交，把时间和精力用在刀刃上，去做我们生命中必须做的事情。因为做必须做的事情，能给我们带来爱的回馈，从而让我们感受到生活的美好。

陪孩子画画，能感受到孩子的成长和进步，增进和孩子之间的感情；陪父母说说话，能让父母感受到温暖，不再寂寞和孤单；陪爱人散散步，能让彼此感受到温情；读一本营养丰富的书，能让我们感受到精神的满足……做这些事情都能让我们感受到温暖和生活的美好，而做那些无意义的事情除了能让我们感受到短暂的兴奋之外，对我们根本没有爱的回馈。

先做自己必须做的事情，再做自己喜欢做的事情。

我喜欢写文字，但是写文字没有让我赚到钱，至少目前没钱可赚，所以我必须上班。

上班能解决我的一日三餐，能让我居有定所，能养家糊口，所以我必须努力做好这件事。上班时，要加班、熬夜，要解决很多难题，要查阅很多资料，尽管有时候会让人很烦，但是仍要努力做好工作中的每一件事情，因为这是必须做的。

只有将工作做好了，我才能利用空闲时间看书和写文章。于是我精简了很多无效社交，也很少去看肥皂剧，而是把时间都用在了写文章上。

如今越来越多的人想要追求诗和远方，但是很多人根本没有这个资本。因为他们连必须做的事情都没有做好，所以所谓的诗和远方对他们来说只是镜中花和水中月。

有一些人，想去周游世界，想吃遍世界的美食，想看尽世间的风景，想潇洒无比地生活，却根本没有意识到自己是否积攒了足够的钱为父母养老，是否有足够的资金可以辞职旅行而不怕家中无米。

当我们还不能依靠自己喜欢做的事情赚钱养家的时候，就得把喜欢做的事情排在后面，把必须做的事情排在前面，千万不能颠倒顺序。

如果不知道自己喜欢做什么事情，那就去做自己最擅长和最赚钱的事情。

一些人不清楚自己到底喜欢做什么事情，因而感到迷茫。

有一个读者因不喜欢目前的工作而辞职了，但是又不知道自己究竟喜欢做什么，所以深感困惑。

如果不知道自己最喜欢做什么事情，那就去做自己最擅长和最赚钱的事情。因为最擅长的事情容易做出成绩，能让你得到回馈；最赚钱的事情则最有可能发展为你最喜欢的事情，能给你动力。

有些人喜欢画画，有些人喜欢摄影……还有一些人没有特别明确的兴趣。对于没有特别喜好的人，首先要做的事情就是跟自己本专业有关的事情。因为本专业的事情是自己最为熟悉和精通的，因而容易上手，可以得到别人的认可。

钱是俗物，但是能给人带来快乐，比如有读者给我的文章赞赏一块钱，我都会很高兴；钱也能解决很多实际问题，如果有合法的赚钱路子，那么就不要错过。在赚钱的过程中，不仅能够得到满足感，而且能够让自己和家人过上更好的生活，何乐而不为呢？

生活中，我们会有很多事情要做。在决定做事之前，希望我总结的以上四点对大家能有所帮助。

第五章

爱情不止需要等待，更需要去追

01

自愈力，是我们抵御伤害的盔甲

下班回家，从地铁出来就听到了号啕的哭声。

听声音，是个女孩。借着橙黄色的路灯，我看到女孩泪眼婆娑，妆容都花了。这个在电影中才出现的桥段，竟然让我遇见了。

女孩抱着电话边哭边说话，哽咽得话不成句。她在说自己和男朋友分手的事，而电话的另一端应该是闺蜜。

这个情景撞开了我记忆的大门，让我想起了飞哥失恋时的样子。那个时候，飞哥喝了很多酒，吐了自己一身，像个疯子一样又臭又脏。

因为被甩，飞哥郁郁寡欢了半年，以致考试有两科不及格。

在感情中受过伤的人，一定都折磨过自己。一个人在下着滂沱大雨的晚上，不撑伞地走在熟悉又陌生的路上，熟悉是因为路还是那条路，陌生是因为身边没了那个撑伞的人。于是任凭雨水和眼泪混在一起，就像个在深夜里游荡的灵魂。或是一个人蜷缩在房子的角落，双手抱膝，目光呆滞，不吃不喝，使劲呼吸，想寻回那个熟悉的味道，盼回满脑子装的那个人。

有些人注定是忘不了的，时间再长也无济于事。因为那个人已经深入你的脑海，虽不见、不念，但是一杯奶茶、一个身影甚至一种味道，关于他的一切记忆就会如洪决堤。

即使忘不掉，也不要折磨自己，不如带着跟他有关的记忆奔跑，途中吹过的风会将关于他的记忆吹散、吹淡。于是跑着跑着，在某一个地方，会有一个人朝你微笑，将你的心重新填满。

失落、绝望、挣扎……每个人都会遇到，但是谁能够快速复苏，重燃激情，提起勇气，奋力前行，谁才是最后的赢家，才能触摸到幸福。

我认识一个复读了两年才考上大学的学长。学长说，对很多人而言，考上这个学校都会不甘心，因为他们认为自己还能上更好的学校。可对他而言，能考上这个学校已经很幸运了。

学长是在农村上的高中，那个高中每年只有两三个学生可以考过本科线。很多没有考上大学的同学，要么出去打工了，要么选择了一个能上的专科学校。

由于他们的英语老师水平有限，考上大学之后，他的英语成绩特别差，四级考试考了 4 次都没有通过。幸运的是，这个学长很顺利地考上了研究生，如今就职于一家科研院所，工作出色，生活幸福。

一次又一次的失败，很容易让人产生挫败感，从而伤痕累累。这个学长一定也曾痛苦过、挣扎过，他那么刻苦努力，考了 3 年才考上大学，他那么拼尽全力，考了 5 次才通过英语四级。但是他能在每次失败后很快地整装再出发，靠的就是超强的自愈力。

能力决定了你奔跑的速度，而自愈力决定了你奔跑途中滞留的时间。

如果一个人具备超强的自愈力，即能在很短的时间内恢复信心、抚平伤口，从跌倒的地方爬起来，对过去报以微笑，然后拼尽全力，哪怕能力稍有不及，也不会落后太多。

那些能力很强，但自愈力差的人，陷入痛苦后往往会难以自拔，从而白白浪费掉时间。

在奋力前行的路上，我们都是普通人，都有一颗柔软的心，因而受伤在所难免。

但是有些人受伤后，不会在原地停留太久，也不会花太多的时间自怨自艾，因为他们清楚，前方有更好的风景、有更好的人在等待自己。

遇到挫折便一蹶不振、黯然神伤的人，永远也得不到掌声和鲜花。一定要记住，跌倒后没有人能拉你，除非你自己爬起来。

你越弱，这个世界就越会对你肆意践踏；你越强，这个世界就越会对你温柔以待。

记住，抱怨是解决不了任何问题的。抱怨的时候，不但灵魂黯淡无光，样子也会丑陋无比。

每个人都有伤口，如果毫无保留地展示，只能成为别人茶余饭后的谈资。而且她们谈论的时候，要么是出于同情，要么是出于玩笑，想必无论哪样你都不会喜欢吧。

你看见一个小孩，他咧着嘴哈哈笑。但你不知道的是，他刚才跌倒还哭了一鼻子，可是很快就不哭了，因为他看到了更美好的东西。

未来要远比过去有意思，我们应该一直对其情动不已。受伤后整日沉浸在悲伤中，只会让伤口感染、化脓，甚至腥臭不已，以致每个人都远远地躲着你。

只有咬牙前行，你才会发现那些本以为痛苦不堪的伤能够渐渐愈合，而且跑得越快，愈合得就越快。努力奔跑，不沉溺于过去和伤痛之中，就是自愈力的体现。

自愈力，是我们抵御伤害的盔甲。

世界上哪有那么多刀枪不入的灵魂，只不过是自备了盔甲而已。

02

爱情里，不依赖、不攀附

在国内某大型相亲节目中，男嘉宾谈及上一段感情时常会说到一句话："她太黏人了。"

可能有人会说："恋爱中的两个人，如果不发生一点儿关联，那和一个人有什么区别呢？一个姑娘黏着你，不就是喜欢你吗？而且她越黏你，就代表越爱你，越离不开你。"

但是，男嘉宾认为女朋友太黏人了，是一种束缚，会让自己感到不自在，时间长了容易产生矛盾，导致最终分手。

当然，不是只有女人黏人，也有很多黏人的男人让人受不了。

爱情，是两个成人之间的事情。过分黏人，只会给对方造成一定的压力。

黏人的本质是依赖，依赖具有索取性。而恋爱中需要的是依恋，错把依赖当依恋是导致爱情发生悲剧的重要原因之一。

当然，这并不是说爱情中不能存在依赖，适度依赖反而是增进感情的一种有效方法。

从本质上来说，过分依赖别人是人格的不健全和不完整。

刚出生的时候，我们根本离不开父母的照顾。慢慢长大后，即使父母不在身边，我们也可以自行寻找吃的来填饱肚子，但此时还没有形成完整的自我认知。

初中的时候开始叛逆，这是自我意识的觉醒，因为我们渴望独立，不希望父母及老师约束和管教我们。其实一个人长大的过程，正是自我独立的过程，包括行为的独立和思维的独立。

高中、大学的时候，我们不但能够自己照顾自己的生活，同时也能够独立思考，遇到问题能够提出自己的观点和看法，此时人格趋于完整。

恋爱中的两个人，当一个人表现出过分依赖对方的时候，就表明这个人的人格不够健全，没有形成独立的思想。

我听过一个极端的故事。

一个小伙子和一个姑娘恋爱了。从此姑娘一天给小伙子打20多个电话，但每次根本没有什么重要的事情。最后小伙子忍受不了，便和这个姑娘分手了。

任何一种长久且稳定的关系，其实都是对等的价值交换，包括情感和物质价值。而过分依赖，则导致了不对等的价值交换。

在恋爱过程中，无论是情感依赖还是物质依赖，都是依赖者向被依赖者进行索取。而这种索取不仅是指物质索取，更重要的是指情感索取。

可以说，情感不对等是恋爱关系中的最大杀手。

一个人对另一个人付出了很多感情，而另一个人却爱上了别人。这种情感付出没有得到回报，就是不对等的价值交换，有可能会由爱生恨。

谈恋爱本身是一种情感的互动，如果一方思想不成熟，无法提供给对方对等的精神交流，那么在这段情感关系中他只能扮演“低能儿”。

一个人依赖另一个人，本身就是一种索取行为。当然，索取行为的发生并不代表具有索取意识，即不能说依赖方具有目的性，而只是在人格不完整的前提下的一种自发行为，因而不应受到道德和人品上的批判。

当一段感情呈现为一种索取状态，被索取一方又无法得到及时有效的回馈时，过不了多久这段感情必将无法持续下去。

经济独立，是感情和谐与婚姻健康的前提。无论男女，都一定要有自己的工作。为了家庭放弃自己事业的做法是不值得提倡的，尤其在当今这个社会。当一个女人把目光聚焦在家中，满心都是孩子和丈夫的时候，她的生活就会失去色彩。而一旦她对家庭的付出没有得到期望的回馈，那么她整个人就会失去情感寄托，进而遭受严重打击。

在现实生活中，很多女人结婚后都会放弃自己的事业，成为家庭主妇，渐渐地和丈夫的交流越来越少，最终导致感情不和甚至破裂。究其原因，主要是家庭主妇的人生是围着厨房、老人、小孩、菜市场转，无法和丈夫进行深层次的情感交流。

依恋是对伴侣的美好期待，是一种深层次的交流和沟通，更是一种惺惺相惜。在感情的世界里，不依赖、不攀附、不讨好才能获得高质量的爱情和婚姻。

03

她不过来，你就过去

某日，我收到了乔的结婚请柬。乔是我的大学舍友，他的未婚妻，是我们的系花。

听说许多多年不见的老同学都要去喝乔的喜酒，我也特意赶去了乔所在的城市。

乔穿着笔挺的西装，系着领带，相比于几年前在大学时的样子，有了很大的变化。看来，爱情也能让男人变帅。他老婆，不愧是系花，化上精致的妆容后和明星差不多。

酒席一共有两桌，一桌是我们这帮好哥们儿，另一桌是他老婆的闺蜜。我们都是老同学，所以说起话来也没有什么顾忌。

“乔，快说说你是怎么追到咱们系花的？”

我也是单身，所以想知道他到底用了什么手段将一个系花追到手。

说实在话，乔不高，也不帅，而且成绩一般。他的老婆名叫媛，追求者很多，就连几个高年级的学长也虎视眈眈。但在众多优秀的追求者中，她最终选择了平凡的乔，这让我们所有人都意想不到。

乔笑着说："写情书、送奶茶是追女生宝典，能做的我都做了。"

不过，我们都不相信。

"你一定没有把最重要的说出来，因为写情书、送奶茶是很多人追女生都会做的事情呀！"

媛的闺蜜也开始起哄。

"媛，乔是怎么追到你的？我们相信你说的。"

这时候，乔的老婆依偎在乔的身边，甜蜜地笑着，慢慢地说：

"乔一天给我写一封情书，大学写了四年。签工作的时候，他悄悄地选择了我所在的城市。上班后，我依然每天都能收到他的情书。"

这时，乔笑着说道："有时候写不出来，我就去百度抄情诗。"

"你是被他的情书所打动的？"媛的闺蜜问道。

"起初，我也没想到会和他在一起。上学时，他每天给我写情书；工作之后，他每天下午都在我们公司楼下等我，然后我们一起吃饭、一起散步。渐渐地，我感觉我和他靠近了许多。终于有一天，我发现我的心已经依偎在他的怀里了。”媛一脸幸福地说。

我们这几个单身，被乔和他老婆的幸福所打动。乔追了六年，才终于和媛牵手了，我们深深地祝福他们。

在酒席快要结束的时候，乔端起酒杯对着我们几个单身说道：“兄弟们，如果喜欢一个人，就大胆去追，哪怕你和她之间隔着千山、隔着万水，但只要每天都爬一点、趟一点，并且坚持下去，总有一天能翻过山、趟过河，和自己喜欢的人在一起。”

我认识一个典型的IT男——小超，他的人生格言就是：IT男，要女朋友干什么？

小超是个工作狂，他几乎把所有的时间都花在了电脑上，可以说是个绝缘体。

让我没想到的是，去年六月份我接到了他的电话，他说他要结婚了。

我连忙恭喜，之后就表示纳闷：“你不是说IT男不需要女人吗？”

小超羞赧地一笑：“我老婆追我追得太紧了，一不小心发现有个女人也蛮好的。”

听他说，当时他们在一个写字楼办公，但不属于同一家公司，两个人在电梯里经常会遇到。

后来有一次和他见面时，我问他："你老婆是怎么追你的？"

"我在公司加班的时候，她每天晚上都会送来夜宵，有时还会给我煲汤送过来。"

"你好幸福，竟然有女生主动追求。"我用羡慕嫉妒恨的口吻说。

"是啊，我单位的同事都说我走狗屎运了。我当时也觉得不可思议，后来我问我老婆，你猜她怎么说？"

我摇了摇头。

"我老婆说，她知道我是个技术宅男，想让我主动追她比登天还难，所以她只好主动追我了。她还说，她并不觉得女生追男生有什么不妥，爱情不能老等着，总要有一个人主动靠过来。"

有人说，他和她之间相距 100 步，只要她肯走 1 步，他就肯走完剩下的 99 步。

而我要说，你连 99 步都肯走，还在乎多走 1 步吗？

如果你真的爱她，那么让她静静地在 100 步开外等着，你独自走完 100 步又何妨？

爱情中，她不过来你就过去，就这么简单。爱情，就是要主动靠近。

不想主动靠近，都是因为爱得不够深。

别等了，她就在那里，你主动走过去又有什么呢？

04

相互仰望，便是婚姻最好的视角

结婚一定是奔着幸福去的，这是婚姻行为能够发生的前提。

结婚前，我们各自为王；结婚后，我们执子之手享受婚姻带给我们的无限快乐。

而现实中，有些人对自己婚姻生活的认知却是迷茫不已和手足无措的。产生这种现象的原因，是他们既不满足自己的婚姻状态，又缺少逃离的勇气，同时对逐渐消逝的爱情感到不知所措，从而产生了深深的无力感和绝望感。

走入婚姻的人，都曾揣度和想象其他人的婚姻，试图获取样本进行比较，以便得出自己的婚姻幸福与否的结论。

而大多数人得到的结论都是：世界上所有的婚姻大抵也就是自家这个样子，无论怎么努力终究都是爱情的坟墓，所以就凑合着过吧。

当做好足够的心理准备之后，婚姻中的男女便开始了得过且过的日子，于是婚姻的主旋律便只围绕着孩子展开。如果孩子不在场，两个人就各自以手机作为恋人，完全退化到“搭伙过日子”的相处模式。

然而这个世界上，一定有人正过着你想要的婚姻生活。

大多数人都是不愿意承认这个结论的，因为他们不认为世界上存在理想的婚姻模式，而且一旦承认这个结论，就意味着自己的婚姻是彻头彻尾失败的。

诚然，完全理想化的婚姻确实是不存在的。但是相对美好的婚姻一定是存在的，并且有很多人正在享受着。

那么，身处婚姻中的我们，如何才能拥有理想的婚姻，如何自救并做婚姻的摆渡人。

小陌在群里发了一张鲜花的照片。

有人打趣道：“小陌，今天是什么日子呀？老公还送你花了。”

“这可不是老公送我的，而是我要送给老公的。”小陌说。

小陌的老公是一位大学老师，小陌在每学期的第一节课都会去听她老公的课。小陌说，老公毕业后，第一次上讲台有点紧张，她就准备了一束鲜花去听课，结果老公讲得很好。下课铃响的时候，她情不自禁地鼓掌，然后整个班级的学生都跟着鼓掌。小陌的老公在掌声中接过她送上的鲜花，顿时热泪盈眶、满目柔情。

小陌的老公在周末上选修课的时候，小陌就会安静地坐在教室后，听老公讲课。小陌说，看着老公在台上侃侃而谈、自信儒雅的样子，就觉得他很帅，然后越来越爱他。

小陌喜欢写文字，她老公就会认真读她写的文章，而且还会在朋友圈分享，赞美她写得好。小陌在老公的鼓励下，一直坚持写作。

在婚姻生活中，只有彼此欣赏和赞美，才能相互包容和体谅。

最美的掌声，一定是来自心爱的人。学会赞美对方任何一个闪光的举动，是幸福婚姻的真谛。小陌和他老公相互鼓励、相互点赞，小日子过得有滋有味。

为爱人鼓掌，就是最美的情话。

我看过一个婚姻调解类节目。

一对夫妻一上台就开始吵架。主持人和点评嘉宾经过轮番询问，终于弄清楚了两个人吵架的根本原因：互相嫌弃。

丈夫对妻子的评价是：我的老婆是个只会打麻将、做饭超级难吃的中年妇女。妻子对丈夫的评价是：我的丈夫是个不求上进、没有事业心、不会赚钱的窝囊废。两个人看向对方的眼神中就透着鄙夷。

无论这个节目中的故事是否真实，都说明了一个问题：当处于婚姻中的两个人在对方身上看不到一丝闪光点的时候，婚姻就开始出现问题了。

我认为，没有人会喜欢一个毫无吸引力的人。你得一直努力，并且拉着对方的手一起向前走，才能拥有长久和幸福的婚姻，才能与对方势均力敌。

势均力敌，并不是说夫妻两个人各自为政、互不服气，而是说结婚前，这两个人都活得很精彩，结婚后，也能体验生儿育女、相扶到老的幸福。

所以，你要成为一个让你的爱人抬起头、满目含情地看着你的人。

婚姻要想获得持久的幸福，就得让对方一遍又一遍地爱上自己。

那么，如何才能让一个人一遍又一遍地爱上自己？唯一的方法，就是保持飞翔的姿态，努力成为最好的自己，让对方看自己的时候，能够眼中有光、情动不已。

我欣赏那些结婚之后举止、谈吐、衣品都严格要求自己的人，因为他们并没有把婚姻当成一种保障、当成最后的目的地而放弃了追求。

有些男人，结婚之后便开始酗酒、抽烟、不思进取；有些女人，结婚之后便不再阅读，不再为事业奋斗，而整日沉浸在鸡毛蒜皮的小事中。婚姻没有让他们变得更好，反而变得更差了。

好的婚姻，一定是夫妻二人既忙事业，又忙家庭，始终牵手保持向上的姿态。

彼此仰望，相互欣赏，永远吸引，才是爱情的保鲜剂。

05

好的婚姻，需要工匠精神

婚姻不是“一锤子”买卖，也不是挑一个看起来不错的人结婚就能“一劳永逸”。只有把婚姻当成一件艺术品，用工匠精神去雕琢，如此才能幸福。

下班后点开微信，看到了一个读者的留言。

“男朋友向我求婚，我不知道该不该答应，很是纠结。”这是一个老读者，于是我用心回复了她。

“你们认识多久了？”

“4 年”

“4 年时间很长了，你怎么还纠结？”我不解地问。

“因为我不能完全放心，怕结婚后他不爱我了。”

“是不是他对你不够好？”

“他对我很好，可是我就怕万一结婚后他变心了。”

现实生活中，有很多这样的情况。

恋爱许多年还不敢结婚的人，不但证明了他对婚姻很慎重，也证明了他对婚姻的“赌博心”很重。因为在他眼中，婚姻就是一场赌博，他害怕结婚后对方不爱自己了，其实就是怕自己赌输了，所以迟迟不敢做决定。

我曾写过一篇名为《正因为是小事，所以才要离婚》的文章，里面提到了一个观点：有些人在恋爱期间，对双方很包容、很有耐心、很有爱心，简直可以说是完美至极。

而结婚后，彼此“原形毕露”。这是因为他们把恋爱期间的磨合理解成了隐忍，认为只要忍让到领了证就会万事大吉。

很多人都抱怨，结婚后对方变了，变得没有那么爱自己了。

恋爱时，对伴侣可谓各种示好和关怀；而结婚后则是大变样，不送花了，也不嘘寒问暖了。

在漫长的婚姻生活中，如果不好好延续和经营恋爱期间积累的感情，那么早晚都会被消耗殆尽。一旦彼此的“感恩心”被消磨完，婚姻就会出现危机。

为什么我们这代人的离婚率这么高，而父辈的感情却相对稳定？

一些人可能会说，父辈的感情都是基于“凑合”，且迫于时代的压力，即便不爱了，也不敢离婚，因为怕被人戳脊梁骨。

这样的解释，的确有一定的道理。

但是在我看来，父辈的感情并不完全是“凑合”，他们有着真实、可以感受到和看到的爱。跟现代年轻人恋爱期间爱得死去活来、离婚时变成仇人相比，他们的爱要美好得多。

在我家，一定要等到父亲先吃第一碗饭，母亲才会让我吃。父亲血糖高，吃东西有很多忌口，所以母亲每天都会用各种蔬菜变着花样做不同的食物，尽量让父亲吃得舒心。从许多小事中，我都能看到父母之间的感情。虽然他们文化程度不是很高，也不善于表达爱意，但是他们的爱是实实在在的。

父辈的婚姻可能不是以爱情开头，却是以爱情结尾。

工匠打磨一件艺术品，费时费力，十分辛苦。在外人看来，一定会很劳心，需要忍受寂寞和孤独。在工匠看来，却是一种享受，沉醉在创造艺术品的整个过程中。

父辈的感情之所以会如此牢固，就是因为他们用工匠精神去经营婚姻，全心全意地付出，体会彼此的善意和爱意，日久生情，相扶到老。

在婚姻生活中，我们会遇到很多事情。孩子的教育问题，父母的赡养问题，人情的往来问题，这些琐碎的事情不是恋爱期间的你侬我侬能处理的。

爱情可以天高任鸟飞，可以阳春白雪，但婚姻就是实实在在的东西。要想让爱情不致淹没在生活的琐碎中，就需要用智慧来维系婚姻。

而婚姻的智慧，就是工匠精神。

工匠在制作一件艺术品的时候，会遭遇挫折、失败，但是他们会本着不屈不挠的精神，用心把一块顽石雕琢成美玉。

婚姻生活中如果缺少工匠精神，彼此就会把这些挫折当作是老天的不公，或者是对方的错误，从而陷入无休止的抱怨中。时间久了，整个人身上就会散发负能量，脸上就会写满沧桑。

好的婚姻，一定需要双方拼尽全力，而拼尽全力肯定会累。如果把婚姻当成一件艺术品，拼尽全力虽然辛苦，但是内心会阳光明媚。

可爱聪慧的孩子，健康长寿的父母，干净整洁的房间，这些是婚姻赠予的美好事物。爱情的世界里只有两个人，婚姻却衍生了太多的东西，因此要体验和享受这些美，就需要付出努力。

不要把婚姻当成一场赌博，用自己的幸福做赌注，而是要本着工匠精神，用真诚和付出、包容和谅解去雕琢和善待婚姻中的人和事，从而把自己的婚姻打造成一件艺术品。

没有所谓的注定的幸福婚姻，只有夫妻携手用尽全力维护和经营的美满婚姻。

第六章

其实，梦想才是最好的信仰

01

梦想，就是去过自己想过的生活

每个人都有过做梦的年纪，有些人拼尽一生去追求心中的梦想，而有些人的梦想却被生活渐渐地消磨殆尽，最后连自己都忘了自己曾经的梦想。第一种人，用一生的时间去奋斗，去努力实现梦想，无疑是最幸福的人；第二种人，忘记了自己的梦想，过着平平淡淡的生活，其实也挺好。

还有一种人，心中非常明确自己想要的生活，却因为各种各样的原因，没有实现自己的梦想，过着不舒心的生活，而且坚持过了一生。这样的人，无疑是最痛苦的。

我们村有一个人，我叫他哥，但他年纪比我大 20 多岁现在已经 50 多岁了，是 3 个孩子的爸爸。当年为了考大学，他连续考了 3 年也没考上，最后就在村子里种地了。其实，种地也没什么不好，祖祖辈辈都耕耘在土地上，日子过得平淡安宁。

哥知道我上了大学，就拉着我说东说西。言语之中充满了不甘心，为自己当年没有坚持考下去而感到后悔。眉眼之间，都能看得见他很遗憾。他后悔自己为什么没有坚持再考一年，如果坚持下去说不定就考上了。听得我的心一揪一揪的，一个50多岁的人还念念不忘当年的高考。

他的事让我明白，梦想并不完全是个美好的东西。如果它没有实现，就会变得狰狞起来，如同肉中刺、眼中钉，时不时会去挠你的心，折磨得你不得安宁。

他心里充满了对大学生活的憧憬和向往，对躬耕黄土地的不甘心和失望。虽然几十年的岁月已经过去，但是他并没有忘记对大学梦想的追求，而且随着这个梦想在心底酝酿的时间越长，发酵得越发厉害。

哥说，当年他考第3次的时候，家里的经济已经不足以支持他在县城求学了。于是，他告诉自己这是最后一次机会，如果再考不中就回家种田，从此不再做大学梦。

然而命运并没有眷顾他，第3次仍旧没有考中。他回到家，放下了笔纸，拿起了锄头，和大多数的人一样，在黄土中刨食。然后很快就娶了相距不远村子的姑娘，那个姑娘只读了小学二年级，些许认识几个字，而我哥是上过高中的，两个人就这么过起了日子。

现在，哥在村子里也算是中上的条件了，家里盖起了二层楼房。加之本身账算得清楚，在村头开了一个小卖部补贴家用。

他对我说，梦想只有实现了，才是美好的，没有实现的梦想，会成为一辈子的遗憾，而且这种遗憾会随着生活中的不如意被放大，直到将自己的内心填满，最后形成顽疾，一直长在心脏的某个部位，一旦念想起来，就会隐隐作痛。

梦想，就是去过自己想过的生活。

我曾经写过一篇关于梦想的文章，文中没有写梦想如何如何美好，也没有写自己为了梦想如何如何努力，更没有写自己如何通过奋斗实现了梦想。文章不热血，也不温暖，正如有读者留言，说看完这篇文章之后有惊悚的感觉。

惊悚感、恐惧感、不适感，是这篇文章所呈现出来的东西，也是我想表现的东西。只有经历过撕裂的痛，才会有更为深入的思考。

我将自己那些掩埋在记忆中已经破碎的梦想撕裂开来，赤裸裸地呈现在读者面前。破碎的梦想布满了时间的尘埃，如今再次翻出来必定是不美好的，因为它已失去了鸡汤文应该有的温暖感。但是这篇文章引起了广泛的讨论和关注，我认为仅凭这一点就能说明这篇文章是有价值的。

我们这么努力、这么拼，不仅仅是为了梦想实现后的欢愉。

上大学的时候，我认识了一个英语系的女生。由于在一个自习室复习考研，每当英语有看不懂的长难句和语法时我都会请教她。渐渐地，大家就熟络起来。

有一次，在学校碰到她，我们就一起去食堂吃饭。可能是考研的时候大家都十分压抑，她便没什么顾忌地给我讲了她的一些事情。

她说，大一和大二时，她周六日都会出去当家教，赚生活费。她还说，其实她家里的情况还行，不用兼职也能供得起她上学，只是她感觉能帮家里分担一点也挺好。

由于她每周六日都要出去，所以宿舍姐妹们的逛街、看电影、聚餐她几乎都没参加过。她在宿舍里，就好像是一个透明人。

她说自己有时候也感觉很孤独，因为她的理想大学是北京外国语大学，但是当年高考没考上，所以她一直想弥补这个缺憾。为了实现这个理想，她几乎把所有的时间都用在了学习上，每学期都能拿到一等奖学金。当宿舍的姐妹们还在为专四纠结的时候，她已经过了专八，而且辅修的二外法语也过了四级。为了这些考试，她没有给自己留任何多余的时间。没有恋爱的时间，没有逛街的时间，她觉得自己就是一台机器。不仅如此，有时候她还会听到一些人的冷嘲热讽。晚上回到宿舍的时候，宿舍的姐妹们不是贴面膜，就是讨论哪个牌子的化妆品好，而她则洗完脸戴上耳机听 BBC。大学三年，她和宿舍的人一直保持着一种近乎陌生的关系。

她说，她的内心非常渴望能和大家一起逛街，她还说，她也喜欢看电影，可是没有时间。因为没有时间，她和宿舍的姐妹们交流就很少，而且大家似乎也不太愿意跟她说话。

我问："你大学里这么充实、这么累，你觉得值吗？"

她笑了笑反问："考研这么辛苦，你觉得值吗？"

我说："能考上的话，就值了。"

她说："考不考得上都值，我们这么努力，在考研过程中收获到的不只有知识，还有许多别人体会不到的东西。而且我坚信，我一定能考上的。"

我说："就是感觉挺累的，宿舍的同学都在打游戏了。"

她说："确实有点累，不过为了能够去理想的大学，为了能够实现自己的梦想，再累也值得。在追求梦想的过程中，所有的辛苦、汗水、努力、心酸、孤独、彷徨，在外人看起来都凄凄惨惨，但只有我们知道，这些东西才能给予我们成就感。”

有一次坐火车回家，邻座的是一个姑娘。我不善于和陌生人交流，所以一般也不会主动开口。可是，这个姑娘却先开口了。她问我家是不是陕西的，我说是。

她说她是来陕西旅行的，我猜也是。因为她的那个大背包简直太大了，根本不像放暑假回家的学生。

姑娘很热情，于是我们两个人就聊了起来。在和她聊天的过程中，我得知她才上大二，比我小好几岁，但是思维和见识让我佩服。

她说，她的背包里面有睡袋、帐篷、小药包……

她说，她去云南的时候，住在当地一个大姐姐的家里，那个大姐姐对她很好，还给她做了很多好吃的。

她还说，她寒假去了漠河，看了雪乡的美景，那里的雪能没到她的膝盖……

她讲得兴奋，我听得惊讶和羡慕，没想到一个小姑娘竟然独自去了那么多地方。

我问她：“在旅行的路上遇到过什么困难吗？”

她说：“太多了。”

有一次，被小偷偷了钱包，身无分文，后来在警察的帮助下才回了家。不过没几天，她又出发了。

还有一次，爬山的时候蹭破了腿，血哗哗地流，幸好她带了药包。

那些遭遇，在小姑娘的口中变成了传奇和曲折。她讲得很欢快，根本听不出一点儿恐惧感。

我问她："你一个小姑娘独自旅行，就不害怕遇到坏人吗？"

她说："遇到的好人总比坏人多呀。她旅行就是为了遇见更多的人，为了看到更多的风景。再说了，我会走安全的路，有时候会和一些背包客结伴而行，所以是很安全的。"

她说她喜欢旅行，哪怕在旅行途中可能会遇到一些困难，但也不能因为这些困难就不出去呀。她说她的很多朋友同学都说要去旅行，但是最后都没有去成。在实现梦想的路途中，肯定有曲折、有失败、有危险，但如果不去经历，梦想就只会成为"梦"和"想"。

在追求梦想的路上，不是简单的上下嘴皮一动，而是需要坚韧的毅力，正所谓繁华背后，尽是沧桑。

我的那个哥哥对我说，他这一生如果没有对大学的念想，肯定会快乐地活一辈子。可是自从心中有了大学梦，他就再也放不下了。这个破碎的梦想，会伴随他一辈子。如果有梦想，请一定要去实现。

他还告诉我，人生最痛苦的事情，就是明明不喜欢现在的生活，却偏偏坚持过了一生。这样的人是失败的，也是痛苦的，更是不幸的。要想成为一个幸福的人，就要在能做梦的时候，用最大的努力去追求自己的梦想。千万莫在生命的最后，只能说一句：我本可以……

我们还有大好的青春，因此应该全力追求梦想，万一实现了呢！

02

只要是梦想，再多也负担得起

写作七载，完成了差不多 300 万字，成为一名有一定影响力的作家，是我的梦想；所从事的专业，曾在校园精耕十载，现在依然坚持，成为一名卓越的工程师，也是我的梦想。这两个梦想，就如同我的左手和右手，缺一不可。

最近几个月，我开始密集写作，可以说几乎每天都要写一篇稿子。

身边的人问我：“这么拼命写作，是不是很赚钱？”

读者问我：“发表文章频率这么高，是不是职业作家？”

我想说，我只是业余写字人，现在还没有收入，但以后可能会有。

说写作不为赚钱，着实有点虚伪。我当然希望自己敲出来的文字能大火，能让自己名利双收。赚钱的途径有很多种，任何一种工作都能给我们带来收益，而写作是个极其耗费心力的职业，我之所以选择它，是因为我喜欢它，它是我的梦想。

我曾经提出过关于梦想的话题，但是我又不能给出梦想的准确定义。我只知道，如果不写作的话，我会不高兴、不快乐、没精神。手放在键盘上，就有码字的冲动，并幻想自己的文字印刷成书，在各个平台热卖，获得读者的喜爱，能给读者一些启发，这就是我对写作的感受。如果很长时间不写作，我就会有一种虚度光阴的感觉。

我现在从事的工作，是我养家糊口的依靠，也是我立足社会的根本。我的工作能解决我的温饱问题，能满足我基本的生活保障，所以我感谢自己现在从事的职业，也自豪自己有从事这个职业的能力。我深爱我所学的专业，并且我想要成为一个卓越的工程师，能够在这个领域的发展史上留下一点东西。当然，这也是我在平凡的工作岗位上的追求和梦想。

正如开篇所言，写作和工作是我的左手和右手，断其一都不可以。

我就是要脚踏两只船，载我漂洋过海，结交喜爱文字的人，感受文字的美，传递文字的力量，体验科学殿堂的美轮美奂，践行工程实践的平凡和伟大。

有人可能会说，脚踏两只船的梦想太贪婪了。

我想说的是，我有脚踏两只船的资本。

自从开始写作，我已经很久没有和同事聚餐了，也很久没有逛街购物了。周六日，是休息的日子，却是我最忙碌的时候，因为我会看书，读大量文章，给大脑强力输入养分。

有人说，看书是身心在体验欢愉感，是多么美好的事情呀。

我想说，看书确实是美好的体验，但那是从读者的角度而言。对于作者而言，阅读并不是多么轻松的体验，因为看完一篇文章之后，还要分析其论点是不是无懈可击、写作框架是不是合理、起承转合有没有可以借鉴的技巧。一些精妙和富含哲理的句子也要记录和背诵，作为写作的知识储备。

一篇优秀的文章，看一遍可能很快，但是分析起来花费的时间就很长了，其中有很多内容值得学习。

有些人可能看了很多文字，可就是写不出东西来，或者写出来的东西文不成文、句不成句。这一方面是写得少，另一方面就是钻研不够。

有人说，一年看 100 本书是聪明的人，一年只看 1 本书是智慧的人。这句话是有道理的，任何一篇经典的文章都是值得多遍研究的，只有看透才能领悟其内涵。

梦想是美好的，但是实现梦想的过程真的不全是美好的，期间要放弃很多东西。写作的艰辛正在于思考，因此一篇论证缜密的文章是要消耗许多心力才能完成的。我每写完一篇文章，就会有一种虚脱感，大脑一片空白，也不想说话，因为倾诉欲已经化成文字送到了读者那里。

每天下班后，我都先要处理公众号的留言，一些是各个公众号编辑发来的授权请求，我得逐一回复和处理。还有一些是读者发来想和我探讨或者让我指导的问题，有询问考研问题的，有询问就业问题的，有询问感情问题的，有咨询人际关系问题的……读者能留言询问我问题，是对我莫大的信赖和支持。所以我告诉自己必须认真对待，每条留言我都会斟酌措辞，争取以最健康、最有用、最快速的方式回复读者的问题。

等到这些事情处理完之后，我才能有时间写文章。而一般情况下，我写完一篇文章都已过凌晨，第二天还要去上班。所以我根本没有多少时间去干别的事情，即使干也都是匆匆忙忙的。有人问拖延症怎么治，我想说 3 个字：忙起来。

即使再忙，我也愿意。因为我知道，光有梦想还不行，我得对自己的梦想负责。

成为一个卓越的工程师，是我的梦想。

如果将自己专业领域的知识比作一座大厦的话，我曾经在这座大厦里面溜达了 10 年，这 10 年时间，我也仅仅是粗略地溜达了一圈，然后选择了其中一个房间细细观摩，最后在这个房间的壁画上添了小小的一笔。

我有一个师兄，我对他很是崇拜，于是就想办法弄到了他的联系方式。现在他有什么最新的论文，都会提前把样稿发过来让我先睹为快。

他接受过一个著名网站的采访，采访的原因是他用五年时间解决了一个理论难题。

师兄说他在成果快出来的最后几个月，所有时间都是在实验室度过的。他曾经累到梦见自己吐血不止，还曾经被导师批为异类，因为他不按套路“出牌”，他将所有的心思都花费在这个理论难题上，但毕业的时候也没有解决。为了解决这个问题，上学期间他自修了许多数学专业研究生和力学专业研究生的课程。为了上这些课，他每周都会赶两个小时的地铁去中科院。毕业后去了高校，又埋头干了两年。

5 年之后，这个师兄获得了一项研究成果。我个人认为，这是近年来标志性的研究成果。它不绚烂夺目，也没有立什么项目，更没有课题支撑，到现在也未曾得到任何资助。这个研究不需要实验，只需要纸和笔，现在他也在积极推行这个成果。一些新编的教材已经开始运用他的成果了，他感慨该领域的基础教材中终于有了国人自己的理论。虽然这个师兄现在还未能成为专家院士，但是我相信，艰苦的努力和付出一定会换来相匹配的荣耀。

这个师兄的其他成果，也已经受到越来越多的人关注。因为他把工作当成了梦想来做，他说能留名教科书就已经很值了。

我没有这个师兄的毅力，遇到一些基础性理论难题会绕道而行。如今参加工作，我希望自己即便不能在基础研究上做出什么贡献，也要在工程实践领域做出一些成绩，以便将来能够成为一名卓越的工程师。

我正在努力，也一定会让我的努力配得上我的梦想。

对于每个人而言，梦想都是伟大的。所以我不会嘲笑我的梦想，只会尊重我的梦想。如果没有梦想，我不知道如行尸走肉般存在于这个世界上会有什么意义。

通过网络，我们知道世界各地每天都有奇迹发生，也都有天才横空出世。但是，我的身边没有奇迹发生，也没有天才横空出世。

我用了10年时间钻研我的专业，到现在仍旧是一个虾兵蟹将，没有取得大成果。我写了7年文字，到现在仍旧是万千写手中最不起眼的一个，没人认识我。但是我不着急，因为我知道我的梦想很伟大，伟大到我用了10年的时间都没能实现。可是为了追求我的梦想，我会再付出10年，甚至20年、30年，因为我的梦想值这个价。

对于那些留言询问梦想问题的读者，我想说的是：

不要做没有梦想的人，因为这样，你会沉溺在生活中，没有方向，随波逐流，而且时时会被生活拍打，找不到任何乐趣。

不要做有梦想但是稍微努力一下就放弃的人，因为这样，你会庸庸碌碌一生，等到你离开人世的那一天，心中只会有不甘。

这个世界的梦想很多，每个人的梦想也很多，但是最后能开花、能结果的梦想却很少。

关于梦想，脚踏两只船不算什么，脚踏十只船也可以，只要你的付出能够支撑起自己的梦想。

03

只要面朝诗和远方，走哪条路都能春暖花开

一个姑娘给我发来信息，姑且将她称为橙子姑娘吧。

橙子姑娘是一个干脆利落的人，将早已写好的长长的一篇问题给我发了过来， 看完她的问题之后，我能够深深体会到她心中的挣扎和纠结。

作为我的读者，橙子姑娘看了我写的关于梦想的文章，所以她满怀期望地给我发来问题寻求帮助。

然而，我也无能为力。

在和橙子姑娘聊天的前一个小时，还有一个姑娘给我发来信息，将这个姑娘称为芒果姑娘吧。

芒果姑娘也是找我解决问题的，她的问题就容易得多，我没用几句话就解决了。芒果姑娘在准备考研，最近一点也不想看书，但是看到周围的人都拼命学习，她就莫名地心慌，甚至

坐立不安。

芒果姑娘的症结是明确的，长时间的学习，让她处在了疲惫期。

于是，我建议她放松一周，不想学就别学。这一周，看看电影、逛逛街，好好放松放松，之后再回归学习。只要目标明确，暂时性的放松和休息，是为了更好地上路，更好地奔向诗和远方。

而橙子姑娘就没有这么幸运了，她现在所做的事情与她的梦想可谓背道而驰。

橙子姑娘的梦想是当一名设计师，开一个工作室。然而，她现在所学的是护理专业。

她说学护理专业，是家里人希望她以后去医院，能有一份安稳的工作。橙子姑娘并不喜欢这样的工作，她给我发了两张照片过来。照片上是一个小书架，看得出来是宿舍的小书架。书架上除了她的专业书，还有很多本设计类的书。橙子姑娘说，她是认真的，已经自学了两年设计。但是她知道，靠这点自学根本不足以支撑起她的设计师梦想，所以她想去更专业的大学学设计专业。

橙子姑娘说，她现在很痛苦，明明不喜欢这个专业，却还得挣扎其中。

其实，每个人都有梦想，只是很多人迫于现实，将自己的梦想打包后藏在了心中一个很深很深的角落。还有一些人，将自己的梦想掐死后挫骨扬灰,然后沦落成一具没有梦想的行尸走肉。

从聊天中，我能听出橙子姑娘对自己梦想的热爱。

橙子姑娘说，她打算退学，重新参加高考。橙子姑娘的想法,我曾经也有过,只不过是一瞬间而已,最终还是选择了妥协。因为我知道，重来一次的风险太大。

橙子姑娘现在上大二，如果重新参加高考，就会比同龄的人至少晚 3 年毕业。而且重新参加高考，不一定就能考上理想的大学，也不一定就能考上自己喜欢的设计专业。

有些时候，我们所做的事就是和心中的梦想背道而驰。有些人只顾埋头赶路，从不敢回头看距离自己越来越远的诗和远方，也不敢正视自己内心真正的想法。因为一旦回头，就意味着不是从失败中爬起来，而是从零开始。

这个世界上最牛的人，不是从失败中重新站起来的，而是选择从零开始的。橙子姑娘有这样的勇气，让我很佩服。

橙子姑娘把表妹的高中课本装了满满一大箱带到了学校，想复习重新参加高考。但是家里人反对，她就陷入了挣扎和纠结，这就是橙子姑娘找我的原因。

其实我也能猜测出，橙子姑娘可能早已料到了结果，我根本给不了她任何有价值的意见。

所以，我就坦白地告诉了她。

橙子姑娘很聪明，她说她将所有的可能性都考虑过了。她从一开始就没有期望我能给她一个答案，只是想找我聊聊她的迷茫和困惑。

我之所以能解决芒果姑娘的问题，是因为我曾经考研的时候也遇到过这种情况。我知道如何去做最有效果，所以能给她最有效的建议。而橙子姑娘的问题，并不是一个简单的问题，牵扯了太多的事。我没有经历过，周围也没有人经历过，而且我对她本人也不了解，所以她的问题我解决不了。

我知道梦想对一个人的重要性，所以我不希望橙子姑娘迫于现实将自己的梦想扼杀。

橙子姑娘是选择继续一边读自己的本专业，一边利用课余时间自学，还是回去重新参加高考，报考设计学专业，我不敢帮她做决定，也没有能力帮她做决定。

但是，我想说的是：追求梦想时，选择任何一条道路都有风险，因为这个世界上并不存在直通梦想的指明灯，不然成功的路上早已经人满为患，所有追逐梦想的人，都是一路摸爬滚打，所有成功的人，都是伤痕累累，只不过那些伤疤最后都成了成功后的勋功章。

橙子姑娘只不过是想从我这里寻求一个看起来更为稳妥的获取成功的途径，其实真正能够掌握梦想成败的还是自己。

无论是选择重新参加高考还是自学，并且最后能不能成为一个有名的设计师、能不能开一个工作室，都取决于你是不是肯为了这个理想而努力。

很多学设计专业的学生，最后也不是设计师；而那些有名的设计师，也不全是科班出身。

通向成功的路有很多条，而且看起来难走的路，往往走着走着就通了。只要肯努力，肯付出，没有路也能硬踩出来一条路。

我认识的许多作者，好多都是上班之后才开始写作。他们写着写着，发现有读者喜欢，然后就坚持写了下去，很多都已经出书了。

我的一个师妹在读研究生的时候，和我一样学的是工科，但是她努力学习英语，最终考到了专业的英语翻译资格证书。

有梦想，就要朝着梦想的方向努力。只要肯下功夫，通向成功的路何止千万条。

对于梦想，我们要不忘初心，只要面朝诗和远方，走哪条路都能春暖花开。

04

愿你有勇气
和迷茫握手言和

最近这半年，我有很多次都从睡梦中惊醒，然后任凭漆黑夹杂着阴冷穿过被子灌入身体。每次都有一种说不清的感觉，让我瞬间清醒，带着一丝惊恐，环顾四周，然后再次入睡。

我不知道这种突然的惊醒是因为什么，也从未和其他人提起过。

人常说，三十而立。

2016 年是一个标志性的时间节点，我 30 岁。

我写的那篇《我才 30 岁，我把自己杀死了！》，是对 30 岁的自己深刻反思后形成的文字。原以为经过那次反思，我能摆脱迷茫，能有明确的规划，能对生活和人生有比较明确的认识，从而真正站起来。

然而，我还是很迷茫。

我独自一人沿着河，一直走到县城灯火的尽头，看着河流绵延入山又折道回来。脚下是在散步，心中却是在一遍遍地拷问自己。

我不想迷茫地活在这个世界上，如同我认为一棵树、一棵草，甚至一块石头，都应该有它存在于世的意义。

20岁出头的年纪，让我总觉得自己还小，有着足够的时间来挥霍。20多岁是个美好的年纪，可以一个人自由自在地出远门，可以去见自己想见的朋友，而父母也无须过多操心。

只是时间留给20岁的并不多，我直到29岁也没有认真地思考过生活，而是整日沉浸在自己的小世界里。

我不是一个善于分享的人，我会把这个世界回馈的善意和恶意都藏在心里，要么艰难地吞咽下去，要么咀嚼后唾弃。

相比一些人，我对孤独的体验并不深刻。因为我一个人的时候可以看书或者写字，并在脑海中构建属于自己的领地。

在自己构建的领地上，我是自由的，也是快乐的，而且能驾驭自己的思想王国，所以并不觉得孤独。

对于迷茫，我却无能为力，只能束手就擒。

选择写文章，是对自我拯救所做的一种努力。我开始梳理自己的生活，而每一篇文章都是我人生中的经历和感受。

我期望能在梳理自己生活的过程中认识到自己真正想要的

东西，也试图在这些过往的足迹中得到一些启发，让自己变得理性、智慧、勇敢和坚强起来。

过年回家，看到父亲白发苍苍，老了许多，心里很不是滋味。父亲每天三餐前都要打胰岛素，每每注射时，我总是背过身去不忍心看。

父亲说，胰岛素挺贵的。

对于父亲的身体，我的担忧是无济于事的。

我一直都盼着自己能够快点强大起来，能够赚足够多的钱，只有这样才能让父亲好好休息。

在赤裸裸的生活面前，那些励志文章和心灵鸡汤是没有半点实际效用的，唯一能帮助我的，就是给我一些力量来应对生活中的种种不如意。

父亲依然需要工作，而我的工资依然微薄得仅够自己糊口，因此我没有足够的勇气和能力来说服父亲停止工作。况且依靠我自己的能力，买房娶妻不知道得等到何年何月。

30 岁，有对未来的迷茫、对生活的忧心、对父母的牵挂、对前途的困惑，还有实现梦想途中的种种坎坷。

无论怎么发泄，生活都是这么直白地摆在我们面前，充满诱惑，又充满无奈。

我不是一个聪明的人，但是我有最单纯的想法。我本以为通过自己的努力，能很快改变家庭环境，然而现实却狠狠地给了我一个巴掌。

疼，但要忍着。

因为生活不会过来安慰你，可能还会蓄力准备下一个巴掌。

无论是对待生活还是对待自己，我都是极为认真的，认真得有些较真。我不想在某些人和事上浪费精力，而要用全部的心思来看自己脚下的路，来摆脱自己内心的迷茫。

高中的时候，对自己将要上的大学感到迷茫。

大学毕业了，对自己选择哪个单位去工作感到迷茫。

工作了，对于未来的职场和婚姻生活感到迷茫。

……

父母已老，而我还没有长大，也没有足够宽阔的肩膀接过父母肩上的担子。

可能等到 40 岁的时候我还会遇到新的问题，而新的问题又会让我产生新的迷茫和困惑。

这种看不清的路，或许就是人生吧。

尽管生活这么艰难，但我仍旧每天都努力地工作，努力地分享自己的文字，和读者进行充分地交流。因为我发现，自己没有办法和迷茫断绝来往。

人生，有时候看得太清楚、太长远，活着也就没有什么意思了吧。这种带着惊喜和惊吓的生活，可能才是真正的生活。它足以让我们体味酸甜苦辣，体验人生百态，也不枉我们来世间走一遭。虽然生活中不时有浓雾遮眼，但是只要认真一点，再认真一点，踏实走好每一步，就能摸索到正确的路。

迷茫，可能将是我这一生的常态，而我也注定要和迷茫终生为伴。这一辈子，我可能都打不败迷茫，唯一能做的就是和它握手言和，并真心接纳它。

愿你，也有勇气和迷茫握手言和。

05

莫欺少年穷，十年后再见分晓

回到农村老家，见到了小时候的伙伴小鹏。他家和我家是对门，他家新盖了二层楼房，整个墙面都是用瓷砖贴的，看得出来花了不少钱。

我家还没有搬到县城的时候，房子总是漏雨。小鹏家的房子虽然不漏雨，但也是破破烂烂的。他家里有 5 个孩子，所以很拥挤。他父亲好赌博，在村子里的人缘很差，连他母亲也拿他父亲没办法。但凡是家里能卖钱的东西，都会被他父亲偷走卖钱来赌博，所以他家的经济条件在村子里基本上是垫底的。

小学还没上完时，我家就搬到了县城，后来也不怎么回农村老家了，于是和小鹏断了联系。再后来，听说小鹏读完初中就没有继续读书，很早便去广东打工了。

作为农村的孩子，一来，父母对教育的认知不够；二来，虽然说是义务教育，但是我上学的那个年代还是要交学费和书本费的，有些经济拮据的家庭就会让孩子辍学，省了这笔开销；三来，整个村子也没有几个上高中的，考大学更是多年都不出现的新鲜事。

在老家，不读书的孩子基本都会去广东打工。那些年，这似乎是一种流行的趋势。

前几年我偶尔回老家，但和小鹏都无缘见面，因为他一直在外面打工，平时也不怎么回家。只是听说，他家的经济情况好了许多。

好不容易见到小鹏，和他聊了一些这些年发生的事情。

他和我同岁，已经结了婚并有了一个乖巧的女儿。

他说，刚到广东的时候，他去一个电子厂做计件工，一天要上 10 个小时的班，一个月也只休息一天，非常辛苦。刚当学徒的时候，他一个月只能拿到七八百块钱。尽管这样，他一个月还是能存下一些钱来。他说这些钱都没给家里寄，因为寄回去父亲就赌掉了。

刚开始他换了几个厂子，后来就在一个厂子里干了五六年，当了领班，再后来当了一个车间的小领导，认识了一个在一起打工的老乡，后来两人结了婚，他的工资也涨到了一千七八。直到去年，他和媳妇从广东回来，不打算再去了。

他用这些年攒的钱给家里盖了楼房，说正盘算着在县城开个门面做点生意，以后也住到县城，而楼房是给父母盖的。

听着小鹏讲这些年来的经历，看着他脸上对未来的憧憬以及身后气派的二层小楼，谁也想不到他家十几年前有多穷困。

小鹏把这些年的辛苦说得很平淡，但我还是能体会到他在外面打工攒钱的日子并不怎么好过。

我对他表示钦佩，小鹏则笑笑说："这是我十几岁就有的心愿。"

小鹏用了10年的时间，改变了整个家的状况。

三十年河东，三十年河西，说得不无道理。

有时候，要不了30年，只需10年甚至四五年，就足以改变一个人的样子。而往往一个出类拔萃、肯努力的人，不但可以改变自己的命运，还可以改变一个家庭的命运。

10年前，谁也不会想到小鹏会这么有出息，谁也不会想到小鹏家能盖起二层楼房，而且还装修得这么好。而我的小伙伴小鹏，就是用10年时间做到了这一切。

10年时间，不算短，也不算长，但足够我们去做一个梦，也足够我们去实现一个梦。

我的小伙伴小鹏，用了10年时间，成了他家里的顶梁柱，也成了整个村子的美谈。关于他，我想用一句话总结：莫欺少年穷，十年后再见分晓。

06

只需一招，你就能有大把时间做自己喜欢做的事情

想做自己喜欢做的事情，却发现没有时间，这是大多数人都会遇到的问题，我也没有幸免于难。

现在我做了一些改变，让时间充足起来，已经能做一些自己喜欢做的事情了，比如读书和写字。去年下半年，我除了上班外，还读了十几本书，写了将近20万字的小说和文章；同时，我还写了3篇专业的学术论文，并且正在申请一个专利。

做了这么多事情，都没有影响到我正常的工作。实际上，对大多数人来说，时间根本就不是海绵里的水，也不用使劲挤，而是盛在盆子中的水，一舀一大瓢。

你之所以会没时间做自己喜欢做的事情，是因为你还没有找到盛满时间的这个盆子。

那么，盛满时间的这个盆子在什么地方呢？看看下面两个

故事，答案就在其中。

先说一个我身边朋友的故事，这个朋友是学岩土工程的。上班后，他说打算考个建造师证。前两天给我打电话，说他快挂了。

我问他，怎么了？

他说，前两天和朋友喝酒喝到胃出血了，现在还在医院打吊瓶，让我安慰安慰他。

由于我们两个人的关系很铁，我只说了一个字：“该！”

他说：“我是来找安慰的，生病住院已经够可怜了，你不同情，还说出这么残忍的话。”

我说：“你不是打算考建造师证吗怎么还有时间喝酒，而且还把自己喝得快挂了。”

他叹了一口气说：“你也知道，我不能喝酒，可是也由不得我呀。大家都是朋友，一起聚聚，喝喝酒，我要是不喝的话，显得多不合群啊！”

我说：“那你少喝点呗，就你那个酒量，我都能喝死你。”

他又叹了一口气说：“我们这群朋友都很能喝，人家敬我酒，我要是不喝的话，多没面子啊！”

我说：“那你说自己身体不好，不能喝酒，给大家解释一下不就行了？”

他有些无奈地给我说：“我解释了，可是大家不听呀，说是过年后第一次聚餐，我就这么不给面子，太影响气氛了。”

我朋友遇到的这件事情，我以前也遇到过，总感觉别人给我敬酒是瞧得起我，如果拒绝的话，会在朋友圈留下不好的名声，以后还会影响自己的人脉和关系。

所以，一般有人给我敬酒，我会拒绝一下，如果对方不肯的话，我也就不会过分拒绝了。等到聚会散了，自己一个人在宿舍难受得直打滚。

喝了别人的酒，你得回请吧，然后就陷入了死循环。最后你会发现，下班的时间本来可以用来休息和做自己喜欢做的事情，却变成了一群人干无聊的事情，把时间全部浪费了。

再说一个读者的故事，他今年上大二，大一的时候，大家下课后还都会去图书馆上自习、看看书。

可是现在，大家都不怎么去图书馆了，没课的时候就一起在宿舍打游戏。

他本来还想去图书馆看书，可是觉自己很孤单，并且有种背叛宿舍哥们儿的感觉，所以就留在宿舍和大家一起玩，可是，他又感觉这样很浪费时间，所以他很迷茫。

他让我给他提建议，如何才能不损害和宿舍哥们儿的关系，又能不浪费时间。

对于这件事情我感同身受，因为我曾经也经历过类似的事情。上大学的时候，寝室的人要么就是都围在一起打扑克，要么就是一起看看电影。

我曾经也被告知，上大学后，学习不是主要的，而学会和人交际并形成自己的交际圈才是最重要的。

所以，我就想方设法维护和宿舍哥们儿的关系，比如大家一起吃饭、一起去网吧打游戏，然后一起在宿舍打扑克、看小电影，感觉这样和宿舍哥们儿相处得很融洽。

到了大三，我才下定决心好好学习，于是就很少和宿舍的哥们儿一起玩游戏了，虽然有时候有种被遗弃感和孤独感，但是内心感觉很舒服，仿佛终于从一个圈子里面跳了出来，也终于可以有时间去做有意义的事情了。

现在很多年过去了，我和宿舍哥们儿的关系还挺好，并不会因为我当初没有和大家一起玩游戏而有所改变。

两个故事说完了，大家应该也已经看出，这个盛满时间的盆子是什么了吧。那就是减少无效社交，把时间用来做自己喜欢做的事情。

我们每个人都处在一个所谓人脉的圈子里，并且需要和不同的人交往。有了这些圈子里的朋友，大家一起吃饭、唱歌、喝酒，爬爬山，吹吹牛，再艰难的日子也会变得轻松愉快。如果一个人没有自己的圈子，他的生活就会充满孤单和灰暗。

然而身在圈子中的我们，除了感受到圈子的温暖之外，往往还会感受到身在圈子中的无奈。很多时候，我们会被圈子引导着做一些自己不愿意做的事情。这样，圈子就成了一种负担和束缚，浪费了我们大量的时间。

那么，如何才能建立一个和谐的圈子，让自己不为所累，不再强迫自己去做一些自己不愿做的事情呢？

我想，首先要明确一点，那就是一个健康的社交圈子中，每一个人都应该是积极向上的，不会因为你为了学习没有时间和大家交流而疏远你。

如果一个圈子因为你选择努力没有时间和大家一起玩而疏远你，那么这样的圈子就不值得你花时间去维护。因为圈子里面的人并不希望看到你变好，只是希望你能陪着大家一起玩，因此不是真正的朋友。

那么，如何才能和圈子里的人融洽相处，同时又不让自己被圈子绑架？我根据自己的体验和认知，总结了需要在社交时遵循的几点。

精简自己的社交圈子，选择那些对自己有帮助、和自己有共同兴趣的人保持联系；而那些对自己没有帮助，和自己没有太多共同语言的人，就可以剔除掉。

在社交圈子里，要坚持自己的交友原则，面对一些对自己没有益处又违背原则的事情，该拒绝的就要拒绝，千万不要觉得不好意思。他们都好意思强人所难，你还有什么不好意思拒人千里呢？

你要努力提高自己，让自己变得更优秀，这样就不用费尽心思地考虑圈子里人的感受，而是大家来考虑你的感受。如此，你才会有能力身处一个优秀的圈子，也才不会被圈子所累。

总结一下：

只需减少无效社交，构建一个优秀的社交圈子，就会有大把时间去做自己喜欢做的事情了。

第七章

所有的惊艳，都来自有所准备

01

你一直拖延的
其实都是你最想做的事

一位老朋友，数年不见，再见时啤酒烤肉，尽量营造出年轻时把酒言欢的氛围。

他说，这些年有好多遗憾，上大学的时候，想好好谈一场恋爱，感受一下校园爱情，结果整天窝在宿舍和哥们儿打游戏，浪费了很多时间。直到大四也没有说出一句情话，于是就这么毕业了。工作之后，便开始了一茬又一茬的相亲。

几瓶啤酒下肚，老朋友微醺。

他说："工作后，我想着考在职研究生，买回来很多资料书，但是最后书还是崭新的，把时间都浪费在了各种聚会上。每当下定决心看书的时候，朋友电话一约，我就扔下书去和朋友推杯换盏。工作 3 年后，再也没有勇气提考研的事情了。"

说着，朋友的眼圈渐渐地红了。他叹了一口气道："我是父亲带大的。工作后有了点积蓄，我就想带着父亲去旅行一次。其实这个打算有了很多年，从上大学的时候就开始琢磨。但是我上班 3 年，也没有实现。去年，父亲得了癌症，躺在医院的病床上，再也走不动了，直到父亲去世，我也没能带着他去旅行一次……”

说到这里，朋友哽咽了。

“这些年，我不知道自己都干了些什么，想爱的人没有来得及去爱，想读的书没有去读，想孝敬父亲也没有机会去孝敬。我的时间，不知道都花在了什么地方。”

朋友和我年纪差不多，30 岁出头。岁月匆匆，我们的时间到底去哪儿了？为什么那么多心愿，最终都成了遗憾？

也许有人会说，并不是我不想去做那些有意义的事情，而是因为我太忙了。

我得忙着工作，因为没有工作，我就没钱吃饭、没钱租房子；我得忙着交际，因为我需要朋友，不然我就会因为孤独而抑郁。

其实，真正有意义的忙碌，都是为了靠近梦想。

一部剧追完了，我们会忙着去追另一部剧；一个饭局吃完了，我们会赶着去吃另一个饭局；一个游戏打通关了，我们会急着下载另一个游戏。

你之所以会越忙碌越孤独，是因为你忙碌的事情都是无用又无意义的。所以当聚会结束，朋友散去，剩下你一个人时，你就会充满伤怀和焦虑。

你想考托福，你想健身，你想换个喜欢的工作，你想出一本自己的书，你想学心理学，但是最后都没有干成，因为你的时间被毫无意义的事情耗尽了。最后，你却给自己找了一个冠冕堂皇的理由：我工作太忙了，交际太多了。

那些真正对你有益的事情，到最后都被耽搁了。那些无用的逛街、游戏、聚会你倒是会前仆后继，一个也落不下。

你总是把真正有意义的事情无限拖延，把最应该成为生活主题的事情搁浅。就这样，你的生活越来越平淡、平庸，直至最后索然无味。

那些本该成为你生命主题的事情，却因为你的懦弱、等待、不敢尝试，最后成了泡影。你以后也不敢想起，因为每当想起的时候，心头就会隐隐作痛。

人的一生中，一定有一些特别想做的事，我们可以称之为梦想或者理想。

年纪越大的人，已越不敢说出梦想和理想这两个词语。因为梦想和理想对于他们而言，就只能是梦想和理想，也只能在心里偶尔想起，却没有能力再去实现了。

随着年龄的增长，他们逐渐发现心中的梦想几乎都没有实现过，于是不会再自欺欺人了，也对梦想闭口不谈了。因为他们知道，梦想和理想对于他们而言，只能是镜中花、水中月。

我和很多朋友谈起过理想，有人说想学做甜点，因为如果能做出那些只有在甜品店才能吃到的精致甜品，孩子就一定会很崇拜她这个妈妈。

实际上，她只是网购了所有制作甜品的家当，而学习做甜品的时间都被刷手机占用了。毕竟比起做甜品，刷刷朋友圈、追追剧更加容易些，不用承担制作甜品失败的风险，也不用洗刷锅碗瓢盆。

有人说周末想学插花和书法，让自己的生活丰富起来，可每到周末，不是赖在床上不起，就是浏览网店度过一天。

你之所以一直拖延梦想和理想而不去实现，本质是因为你一直在逃避困难，你总是习惯选择那些容易的事去做，让平庸无趣的事情占满了你的生活。

对自己期望的太多，实现的太少，久而久之就会发现，原来一直在欺骗自己，根本没有过上自己想要的生活。这就是你懂得那么多道理，却依然过不好这一生的原因。

有些事情等不起，因为你不知道以后会发生什么，还有没有机会去做心里面念念不忘的事。趁着人还在，激情还在，一切都还来得及，用热情去做那些让你感觉到幸福的事情。生命的意义，就藏在你念念不忘的事情之中。

如果你有想做的、喜欢的事，一定要抓紧时间尽快去做，不然可能就真的来不及了。

忙，其实只是一个借口，你玩手机、逛网店、胡吃海喝的时候永远有时间。而一提到那些能让你变得与众不同、熠熠生辉的事情，你的借口就如同雪片一样纷纷扬扬。

在你的意识中，那些无聊的、简单的、能快速完成并带来刺激的事情，会首先去做；而那些需要集中精力、花费思考和努力、复杂一点的事情，就会被拖延。

等到了生命的尽头，你会发现这一生最重要的事情都被搁浅了，而那些不重要的事情却占满了整个生命，一生过得平庸又乏味。

别让生命中有太多的等待，因为生命不是无穷尽的。想做的事情就抓紧去做，没有最好的时机，当下就是最好的时光。

所谓梦想，就是一直努力奔跑的方向。只是想想而不去努力的事情，只能称之为幻想。

如果你正忙碌的事情，一直都是你想做的事情，而且是让你变得更好的事情，那么忙碌过后只有充实，绝不会有因为虚度时间而产生的空虚和寂寞。

别等了，去做你一直想做的事情。去读一本你一直以来都想读的书，给孩子讲讲故事，上几堂亲子班，陪爸妈逛逛菜市场，和爱人牵着手看看夕阳。

别把不重要的事、不重要的人，请进生命。你要用自己全部的时间去爱值得你爱的人，去做能让你变得更好的事。

02

所有的惊艳，
都来自有所准备

同学小林，打电话邀请我去他的新家。小林和我一样都是从农村出来的孩子，我很惊讶他怎么这么快就在城里买了房子。

小林家装修虽然不算奢华，但是可以看得出很用心，房子很漂亮。房子是按揭的，首付 40 万，加上装修 10 多万，一共 50 多万。他没有问家里要钱，也没有借同事和同学的钱。他和媳妇仅上班两年就存了这么多钱，真是佩服。

“你知道吗？买了这套房子之后，我才真正感觉自己在这个城市扎根了，再没有漂泊感了。”小林说。

“我当然明白，我们两个都是从农村来的，要在城里扎根很不容易，你们两个这么快就赚够了首付，真的很厉害。”我说。

“这两年，我和小烨（小林老婆）两个人几乎没有出去玩过，小烨周末当家教赚钱，我也接了一些文案周末做，我们两个人兼职的钱，算起来能顶上一个人的工资了，所以这两年我们相当于三个人在赚钱，终于凑够了房钱，我们的宝宝也快出生了，现在不用担心了。”小林满脸幸福地说。

所有的努力都不会被辜负。小林和他媳妇拼尽全力，用两年的时间建好了一个温暖的家，迎接小生命的降临。

去成老师家里学书法，已经成了我下班后的必修课。自从毕业，我很少这么认真用心去地做一件事情。

同一个字落在不同人的手中，命运是不同的。我觉得自己写得挺好的，跟旁边成老师写的一比，立刻就想跪拜。

成老师写的字刚劲挺拔，起笔收笔干净利落，每一笔都充满了力道，就像一个铁骨铮铮的汉子。而我写的字，就像是一个挺着啤酒肚不修边幅的抠脚大叔。

除了在成老师家里每天练习两个小时外，我白天也用水写布（一种蘸水就能写出黑字的书法练习用具）练习，但不知道为什么自己这么努力、这么刻苦，结果和成老师的差距还是这么大。

我决定再细心观摩一遍，看看成老师写字有什么窍门。成老师提笔蘸墨、藏锋起笔、中锋运笔、结尾收笔，整个过程都没有什么奇特的。成老师都教过我了，我也是这样操作的，可是最后写出来的字简直不可同日而语。

成老师行云流水地写了一行字，每一个字都是那么好看，惊艳得我只能在心里连连赞叹：中国传统书法简直太美了。

成老师说："你才学了这么短的时间，能写到这个程度已经不错了。我练了 20 年，你不能和我比，你要和自己比，看有没有进步。"

只有经过 20 年的刻苦练习，才能写出一幅高水准的书法作品。只有拼尽全力，才能看起来毫不费力。

上中学的时候，我也曾学过怎么做一个合格的学霸。那时候，天天刻苦努力读书取得好成绩的人一般不能称作是学霸。所谓的学霸，就是看起来不怎么努力，最后考试成绩却能力压众人的人。

初三时我喜欢上了化学，为了让自己的化学成绩每次都能保持在班级前三，我模仿过我的学霸同桌。我的同桌是别人眼中一个地地道道的学霸，但是自从我揭开她伪学霸的面纱之后，就感觉她没有那么牛了。

我的同桌，成绩一直保持在全年级前三。平时在学校看起来并不是那种特别努力的人，但她每天都学到凌晨。

为了学好化学，我特意买了两本辅导书，每天晚上都会额外做题，还会把老师讲的东西背一遍。以致最后，整本化学书随便翻一页，我基本都能背诵出里面的内容。

这样，我的化学成绩自然是每次考试都能独占鳌头。但是我背后的努力和付出，只有自己和我同桌明白，因为是她教会了我怎么在背后默默努力。

很多时候，我们都会把难以理解的成功归功于天赋或者运气。其实，哪有那么多有天赋的人，也不会有那么多运气，不过是我们没有看到别人的努力和用功罢了。

我一直相信，成功的背后，不是汗水就是泪水。

随着年龄的增长，我越来越相信努力的意义。要得到想要的东西，就必须有所付出，更多的时候需要的是持续的付出和努力。这个时候就需要坚持，坚持的意义就是要等成功来给我们流过的汗水买单。

你若盛开，蝴蝶自来。而要想盛开，得先努力地汲取水分、养料，然后拼命地向着太阳的方向长高。

没有随随便便的成功，所有的惊艳都来自有所准备。

03

努力做个
有机会失败的人

我在一直写字的平台申请签约作者，今天通知我申请被拒绝了。于是，我将这个消息发到了读者群里。本来大家都热闹地讨论着中午吃什么好吃的，我这条消息引得大家都转过来安慰我，让我不要伤心、不要沮丧。我这时才意识到我这条消息将原本快乐的气氛给破坏了，所以感觉有点小窘。

读者的安慰，让我觉得温暖。

30 岁，经历过太多的失败。所以这一次的申请签约失败对我的影响并不大，只是让我重新思考和反思了一下，我觉得自己还是应该更加努力，继续写有质量、有温度的文字。

这件事要放在前两年，我可能不会像今天这么心平气和。我肯定会不停地抱怨：为什么有几个作者的关注度没有我高，反而通过了签约申请？也可能会觉得编辑不喜欢我，赌气不在这个平台上写作了。还可能会心情沮丧，抱怨自己的付出没有得到回报。

几年之前，也就是20岁出头的时候，时常会有一个问题萦绕着我：为什么失败的总是我？

每一次失败的时候，我也都会问自己：难道老天是在惩罚我吗？为什么别人轻轻松松就能成功，而我这么努力还会失败？

从小学一年级开始，失败就是我的常客。升二年级时，我考试都没及格，所以留级了。看着小朋友们都升到了二年级，而我还坐在一年级的教室里，那个时候心情应该是伤心的。

后来上大学，考计算机二级、英语四六级，再到后来做实验，论文投稿，小说申请签约……各种事情，我似乎都没有顺利过。

有时候，感觉自己就是一个悲剧，一路上都磕磕碰碰。不像别人，什么事情都很顺利，而且当这种挫败感积累到一定程度后，我就开始怀疑人生，怀疑自己是不是命运多舛。但是随着年龄的增长，经历的事情越来越多，我已经明白和坦然了许多。

小学一年级读了两年，第二年我就成了班干部，考试成绩挺好，还得了奖状，为我后来的学习增强了自信。

只要你还在努力，失败就会以另外的形式馈赠你。

有些人高考失利，就开始怀疑一切，否定自己，自暴自弃。有些人英语四六级没过，就想着怎么作弊办假证。还有些人一分手，就要寻死觅活。还有新闻报道的一些研究生，因为答辩没过就轻生自杀。要知道，能失败是一件多么幸福的事情；不去努力的人，连失败的机会都没有。

如果你初中毕业就去打工，肯定不会高考失败；如果你没有上大学，或者根本就不参加四六级考试，自然不会被英语四六级伤害；如果你从来不敢牵手一个人，也就不会有失恋一说。之所以会失败，是因为你还有追求。

前两天有个读者发消息说，他考研失败了，心情很不好，感觉对不起自己，也对不起父母。对他说不用伤心难过是不现实的，因为努力付出一年的艰辛外人很难体会，所以失败了肯定会很伤心。但是换个角度来看，如果当初不考研，而是选择找份工作，然后大四和大家一起玩耍，就不会有现在的挫败感了。

失败就像一个筛子，有些人失败一次就放弃了，就被过滤掉了，而能从失败中一次次爬起来，才有可能被留到最后，获得成功的果实。这句话虽然听起来很鸡汤，但事实确是如此。

我们对于成功都很渴望，但我们都是普通人，要想成功降临到我们头上，唯一的筹码就是坚持不懈和死磕到底的精神。

有些人，可能用很短的时间就得到了我们想要的东西，而我们可能在追求爱情和事业的时候屡屡失败。

请记住并相信一句话：你要的，时间都会给你。

只要我们肯努力，房子会有的，车子会有的，家庭也会有的，只不过稍晚一些。但是只要我们得到的东西能让我们感到幸福，并能长久地拥有，房子不大，只要温馨；车子不好，只要出入平安；夫妻和谐，孩子乖巧，这一切来得晚一点又有什么影响呢？

每一个努力的人，都是不愿意向生活妥协的人，也都是喜欢折腾的人。

有些人，在上大学的时候，可能就去考各种资格证书，也有些人去竞选学生会主席，还有些人拼命学习想拿奖学金……然而，这些追求都存在失败的可能性。

因为你想要的东西很多，想要实现的梦想也很多，所以面临失败的概率就很大，也就会觉得失败的总是你。如果一个人从来都不想得到什么，没有梦想，也不去努力，那么他永远也不会失败。

人能失败，是幸福的。

等到哪一天，你连失败的机会都没有了，那该多可悲啊！因为这不是独孤求败，而是生无可恋。生无可恋的人，和行尸走肉有什么区别呢？

我们坚强努力地活着，看似是为了追求成功，其实也是为了追求失败。既然能失败，就说明这个东西对我们而言是不熟悉的、不了解的，所以生活才会充满新鲜感。

相比一辈子过得平平淡淡的人，我更想做一个有机会失败的人。

04

除了努力，我们还有别的办法吗

我一直都在寻找一条能让我过得好的路……后来我发现，除了努力，我别无选择。

昨天，和小北通了一次电话。那年，我逃离了帝都，小北则留了下来。小北每天早晨 6 点起床，要在地铁和公交车上挤两个多小时才能赶到公司。北京上班高峰期的地铁，让我至今都无法忘记。

我说："你好努力！"

小北说："我曾经也被自己感动过，觉得一个人在北京漂着，既孤独又伟大。"

我说："你不像我，逃离了帝都，选一座小城，现世安稳，岁月静好，压力也小好多。"

小北说："我妈给我打电话，让我不要太拼了，实在不行就回老家。我咬牙挺着，曾经觉得自己真的好厉害，这么能拼。可是后来才发现，身边所有的人都是这个样子，都在拼命地努力着。

“为了生存，为了生活，为了能扎下根来，渐渐地我已不觉得自己很努力了，也不再会被自己的努力感动了。因为我知道，所有的人都在奔跑，甚至都在拼了命地奔跑，而努力是生命的常态。”

是啊，无论大城还是小城，都有一大批在黎明前就起身的人。莘莘学子，背着书包，在为美好的象牙塔拼搏；公司的员工，手拿牛奶和面包，拼尽全力挤上公交车；年过六旬的环卫工人，握着扫帚，在清冷的晨曦中为生活辛劳着。

小北说得没错，努力并不是为了超越谁，只是为了赶上大家的脚步。

我有一个朋友，经营自媒体。

他白天上班，晚上写作。

他每天都会写一篇文章，能看得出，他是花了时间和心血的。我曾经坚持过一段时间每天写一篇文章，因此那种辛苦我感同身受。

当年上学的时候，一篇 800 字的作文都会让我们头痛好几天。而如今，每天都要写一篇 2000 字的文章，且每篇都要写出新意，不但要有新观点和思想，还要接受众多读者的检验，其中辛苦可想而知。

我劝他，不要太辛苦，每周写两三篇就可以了。

他说：“那么多已经成名的作者，每天都还在发表文章，而我才刚刚起步，是没资格偷懒的。无论是为了生活还是梦想，我都得坚持下去。”

他还说：“我喜欢忙碌的时候，那样我就没有那么多时间胡思乱想，可以倒头就睡，第二天又满血复活，迎接美好的一天。又闲又懒的时候，我会感到迷茫又痛苦。”

正如我的朋友一样，每一个想实现梦想的人都要付出努力。

你想要成名，你想要出书，你想要越来越好的生活……可是这些你想要的东西，总要拿别的东西来交换。

慢慢地，你会发现当我们努力的时候，全世界都在帮我们。

青春，可不就是努力的时候才能感受得到嘛。

幸福感，可不就是努力的时候才能体会得到嘛。

如果不努力，放纵的时间久了，我们就成了那个自己讨厌的人。

无论是为了眼下的苟且，还是未来的诗和远方，努力都是我们活下去的手段，也是唯一的手段。它应该是流淌在血液里的，刻在骨髓上的，时时刻刻要被铭记的。

你看看这个世界，哪一个人不是在拼命？哪一个人不是一边哭，一边奔跑，不敢停下来，也从未停下来。当我回头看同伴时才发现，原来所有的人都在奋力奔跑。

孩子的奶粉、父母的医药费、房贷车贷、人情往来……

周围都是奔跑的人，所以我们不会孤独。

那些流过的汗、受过的苦，终将会告诉你这些岁月没有被辜负！

值得庆幸的是，我们出生在一个很好的时代。因为只要我们肯努力，就能得到与我们努力相匹配的收获。

我曾问自己：为什么要这么努力地工作，努力地读书，努力地看文章，努力地写作？为什么我不能去唱唱歌，不能去聚餐，不能去看电影？

我为什么要这么刻薄地对待自己？我为什么每天要熬夜到凌晨来写文章？我为什么连等餐的时候都要翻手机、看电子书？这一个月，我在手机上看完了王小波的《理想国与哲人王》，还有王安忆的《长恨歌》。

我读的书太少，我的脑袋太空，我需要利用一切碎片化时间来阅读和积累。

要想变得更好，要想遇到优秀的自己，我必须拼命地阅读和写作。

你不努力，没有人会替你坚强。

你不努力，没有人能让你成长。

你不努力，没人会给你肩膀让你依靠。

努力和吃饭、睡觉、呼吸一样平常，因此不该再被强调。努力只是一种生存方式，应该退还所有的赞誉。

05

走自己的路，何必在意路人甲

2008年，我大三。有一个女生和我在一个自习室复习考研，之所以会对她印象深刻，主要是因为她的体重。

她是我们学校英语系的，就称她为小雅吧。无论她走到哪里，身后都会有人指指点点，原因无他，就是小雅很胖。实话实说，她确实很胖，体重有200多斤。

大家都在同一个教室复习考研，慢慢地也就都熟悉了。由于我的英语奇差无比，所以会偶尔请教她一些语法问题，她讲得很仔细。

大三暑假，自习室复习的女孩子穿着都很清爽，只有她一个人穿着超大款的T恤，汗水吧嗒吧嗒往下流。

大学校园的女生，都褪去了高中时候的稚嫩，都学会了化妆，对于穿着也都很在意。

根据我的目测，小雅不化妆，且所有的衣服都是暗色的。在自习室里，她总是很认真地备考。

渐渐和她熟悉之后，她跟我说，她的肥胖是小时候生病吃激素导致的，只能慢慢地减肥。她已经在很努力地减肥了，只是效果太不明显。她还说，有很多人当着她的面叫她“死胖子”，一些小孩更是在她背后给她起难听的外号。有些同学还会给她起外号，叫她“一堵墙”。

小雅说上大学以前，她特别痛苦，根本无法忍受别人对自己的攻击，感觉周围的人都充满了恶意。上了大学之后，她渐渐地明白，和有些人是讲不通道理的。所以，她对于一些刺耳的话语也就不那么在意了。

小雅说，她现在的目标是考上研究生。她相信只要肯努力，一定会遇到一个不因为她胖而嘲笑她的圈子。

后来，小雅考上了理想大学的研究生，再后来又出国读了博士，并且在国外遇到了真命天子。

看她的状态，她说她在努力减肥，体重已经降下来了。看她的照片，已经完全没有大学时候臃肿的样子，瘦下来的小雅看起来漂亮了许多。她男朋友是在国外读博士的师兄，长得很帅，两个人看起来也很般配。

小雅有着明确的目标，而且一直在走自己想走的那条路。

所以，她遇见了越来越好的自己。

以前在网上写网络小说的时候，我认识了一个朋友，网名叫小黑。

小黑说，他刚打算写小说的时候，遭受了周围同事的各种挖苦讽刺。小黑在一个工厂上班，周围人的学历都很低，基本上都是靠体力赚钱，而小黑自己也只读到初中就辍学了。

在小黑的同事看来，小黑和他们一样，根本就不是一个文化人，竟然还在网上写小说，简直太可笑了。在还没有成名的那段时间，小黑遭受了很多质疑。

一次偶然的机会，小黑的父母也得知他在写小说，于是劝他别折腾，好好上班，工作来之不易。

他说上班的时候，也能听到各种冷嘲热讽的声音。他的领导直接对他说，你一个初中学历的打工仔，好好上班才是正道，写小说真不是你能干的活。

在周遭的各种泼冷水和打击下，小黑也沉默了一段时间。可是过了两个月，他又开始更新小说了。

我问他原因，小黑说，他想再拼一把，不试试怎么能知道自己是不是写网络小说的料呢？

在坚持写了几百万字后，现在的小黑一个月能收入两三万，因此他辞了工作，成了全职的写手。

现在他每天就早晨写两三个小时，其余时间不是在家陪父母、老婆和孩子，就是带着家人去旅行。

当初那些泼小黑冷水的同事，现在仍旧拿着一个月两三千的工资生活着。

读研究生时，在一次学院举办的学术交流会议上我认识了一个负责人。这个负责人是比我低两级的学弟，由于我们两个做的课题有些相近，所以聊聊天就认识了。

学弟家是农村的，家里有三个孩子：一个哥哥，一个姐姐，他是老小。当初他父母供他们三个人读书的时候，家里很穷。

他父亲当年读了高中，没考上大学，所以心里就一直有个上大学的夙愿，于是对他们兄妹三人要求特别严格。

他父亲为了让他们能接受好的教育，待他们小学一毕业就在市里租了一套房子，让他们上了重点中学。

农村的家庭供三个孩子在省会上高中，这个开销十分大。况且他父母都是农民，家里经济条件也不好，为了供他们三个上学，父亲在银行贷了款。

对于他父母的做法，当时村里很多人都不理解，说他父母这么做是白瞎钱，哪有人贷款让孩子读书的。可是他父亲根本没有把村里人的闲言碎语放在心上，而是一门心思要把他们兄妹三人供出来。

如今，他哥复旦大学硕士毕业后，在上海一家三甲医院当医生；他姐在北师大硕士毕业后，留在北京一个高校当了老师。而且他哥刚上班一年，就还清了家里所有的债。

而那些曾经说学弟父母白瞎钱的人，他们的孩子要么在打工，要么在重复父辈的职业——种地。

不要去理会那些对你人生指指点点的人，只要你一直坚定地走自己的路，总有一天他们不再会对你指指点点，因为他们已经看不到你前进的背影了。

我们都很痛恨别人对自己的人生指指点点，但是很难阻止别人对我们评头论足。因此唯一能做的，就是一直进步，甩开那些聒噪的人。

有很多人对于我们的生命而言是无意义的，他们只是我们生命中的路人甲，而我们只管走自己的路，没有必要在意和理会他们。

不想让自己成为别人聊天时的下酒菜，那就努力让自己成为他们吃不起的饕餮盛宴。